先生、巨大コウモリが廊下を飛んでいます！

［鳥取環境大学］の森の人間動物行動学

小林朋道

築地書館

はじめに

私が勤めている鳥取環境大学は、学生数一二〇〇人ほどの小さな大学で、「人と社会と自然の共生をめざす人材の育成」を目標に掲げて五年前につくられた。

大学の周辺には森や河川、池などがあり、キジがキャンパスを歩いたり、カルガモが緑化された屋上に巣をつくったり、タヌキが学内の道路を横切ったり……いわゆる自然に囲まれた大学である。

大学に限らず人が集まるところ、人と人、人と物などをめぐってさまざまな事件が発生する。事件の内容は、集団や個人の性格によって異なるのであろうが、私の場合には、人と人、人と物以上に、人と野生生物（一部、家畜）をめぐる事件が頻発する。

研究室の窓のブラインドを上げたらヘビがとぐろを巻いてこちらを見ていたり、飼育水槽から逃げ出したイモリがドアの隙間から廊下へと旅立っていく。

生物と接することが仕事なので、それも当たり前と言えば当たり前だが、仕事以外の時間でも事件は次々と起こる。

人はいろいろな事件と出会って、喜び、悩み、成長する。

私の場合も、生物をめぐる事件は、驚かせ、心配させ、悩ませ、日々私を活性化させてくれる。そこに学生たちや環境問題がからんでくると、事件はまたいろいろな様相を呈してくる。

ごく最近の話としては、「カルガモ親子旅立ち〝保護？〟」事件と「巨大コウモリ！廊下に出現」事件があった。

前者は、冒頭に述べた、大学の緑化屋上に巣をつくったカルガモの親子が、いよいよ水場へ移動するとき起こった事件で、過去三年間、いつもこの時期（五月の終わり）に発生している。

カルガモ親子が一階の屋上から下の歩道にジャンプしたとき、歩道を歩いていた学生が、空から降ってきたカルガモに驚いて、一方、カルガモ親子は驚く学生に驚いて……。

ヒナ鳥を保護しようと学生たちが捕獲を試み、不運にも親鳥から離れた一、二羽のヒナが〝保護〟され、私の研究室のドアがたたかれることになる（今年は学務課のKさんから電話がかかってきた）。結局、私が苦労してカルガモのヒナを育て、池に放している。

「巨大コウモリ!廊下に出現」事件は、この五年間ではじめて遭遇した事件だった。

人影もまばらな休日の夜の大学で、一年生のIくんから、「巨大なコウモリが一階の廊下で飛びまわっている」という知らせを受けた。現場に行ってみると巨大コウモリの影はなく、どうも天井の戸袋のような空間に入っているらしい。

翌日、大学の全学生と全教職員宛のメールで状況を説明し、見かけたら私に連絡してもらうように依頼した。いろいろな方から情報の提供や励ましのメールがあった。

そうこうしているうちに、その日の夜、学生たちがコウモリが飛んでいる現場を発見し、連絡してきてくれた。捕獲し、いろいろ調べて、水と餌を与えて大学林に逃がしてやった。

意外だったのは、そのコウモリは、これまで鳥取県では捕獲の記録はなく、日本でも十数個体のみの捕獲、繁殖場所も三カ所しか確認されていない、オヒキコウモリという種類だったことだ(詳しくは本文を読んでいただきたい)。


さて、この本のことであるが、この本は、自然に囲まれた小さな環境大学で起こる事件をいろいろな人に聞いてほしいと思って書いたものである。

私の専門は、本のタイトルにも入っている「動物行動学」や、それを人間という動物に応用した「人間行動学」である。これらの学問の特徴は、人間も含めた動物の特性を、進化という現象をベースにして解析するということになる。

最近では、環境大学の一員として、大学の周辺に生息する何種類かの動物を保全という視点から、また、人間と自然との精神的なつながりについて人間行動学の視点から調べることが中心になっている。

そして、先にあげたような生物をめぐる事件は、人と自然との精神的なつながりについて考えるうえで、スパイスのような役割を果たすことが多い。

いろいろな事件の中で生物はどう行動し、私や学生たちはどう感じ、どう行動したか、そんなことを書き綴ることで、読者のみなさんに、人間と生物についていろいろ感じていただければと願っている。

最後になったが、この本は、鳥取環境大学のたくさんの学生諸君とのかかわりなしには生まれなかった。研究室の主《ぬし》といわれた一期生の矢野くんをはじめ、多くの学生のみなさんに大変感謝している。地図を書いてもらった河島歩さんにもお礼を言いたい。

築地書館の橋本ひとみさんは、いろいろと注文をつける私を、さすがと思わせるアイデアと構成で納得させ、明確なビジョンをもった本に仕上げてくださった。ありがとうございました。

◆目次

事件の主役たち

誰だかわかるかな？（答えは184ページ）

事件はここで起きた！

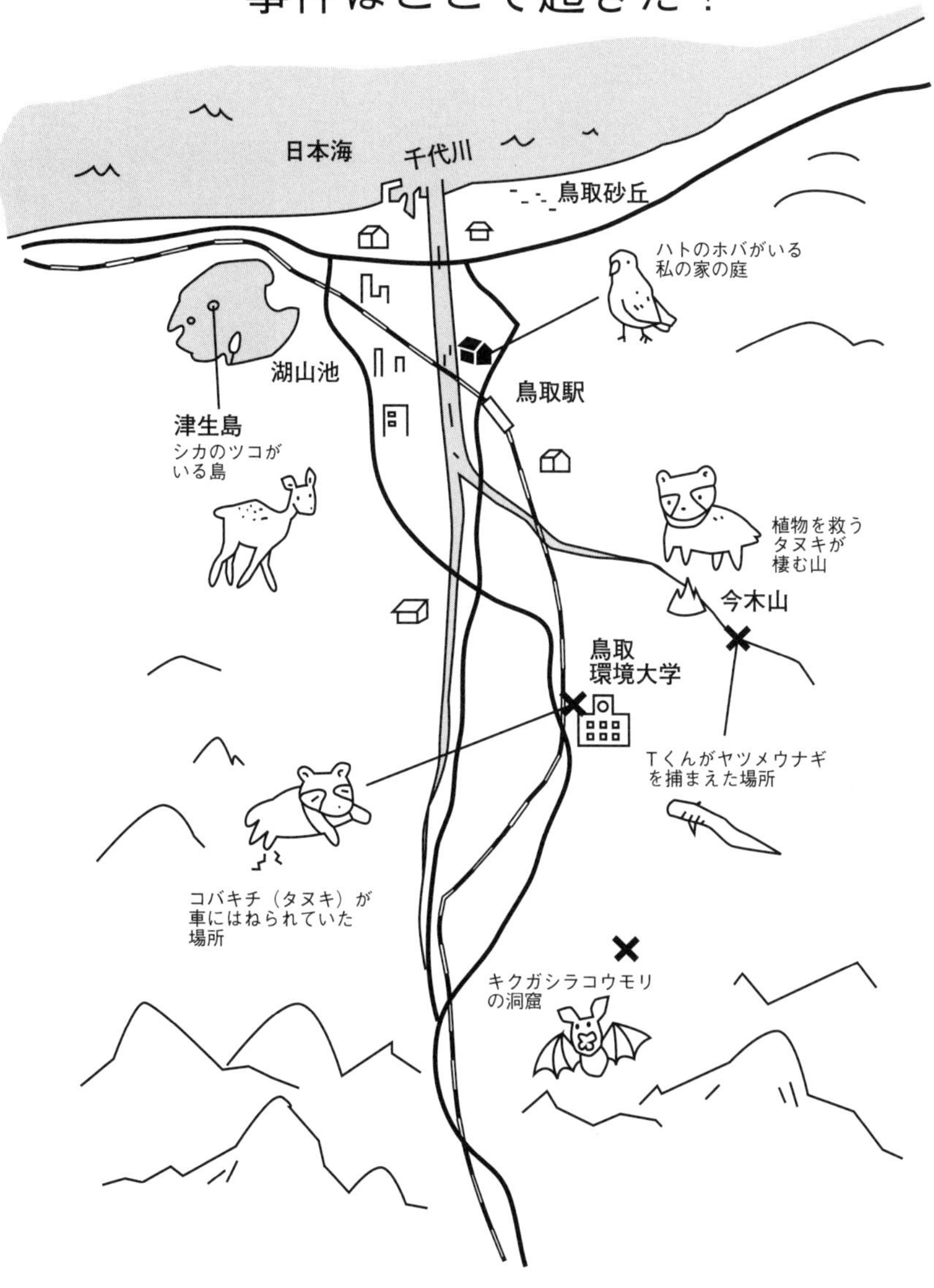
日本海
千代川
鳥取砂丘
ハトのホバがいる
私の家の庭
湖山池
鳥取駅
津生島
シカのツコが
いる島
植物を救う
タヌキが
棲む山
今木山
鳥取
環境大学
Tくんがヤツメウナギ
を捕まえた場所
コバキチ（タヌキ）が
車にはねられていた
場所
キクガシラコウモリ
の洞窟

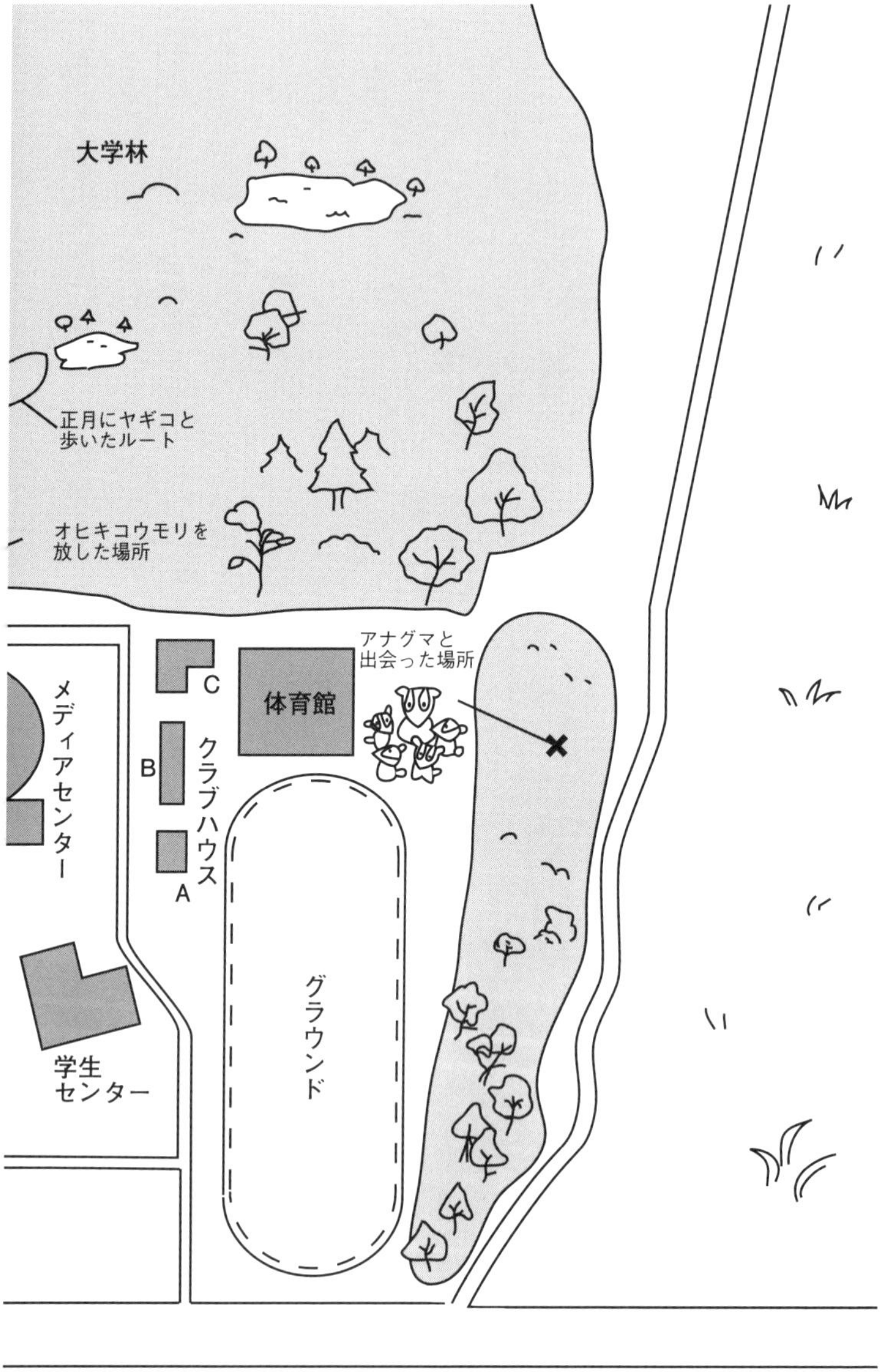
大学林
正月にヤギコと
歩いたルート
オヒキコウモリを
放した場所
アナグマと
出会った場所
体育館
C
B
A
クラブハウス
メディアセンター
グラウンド
学生
センター

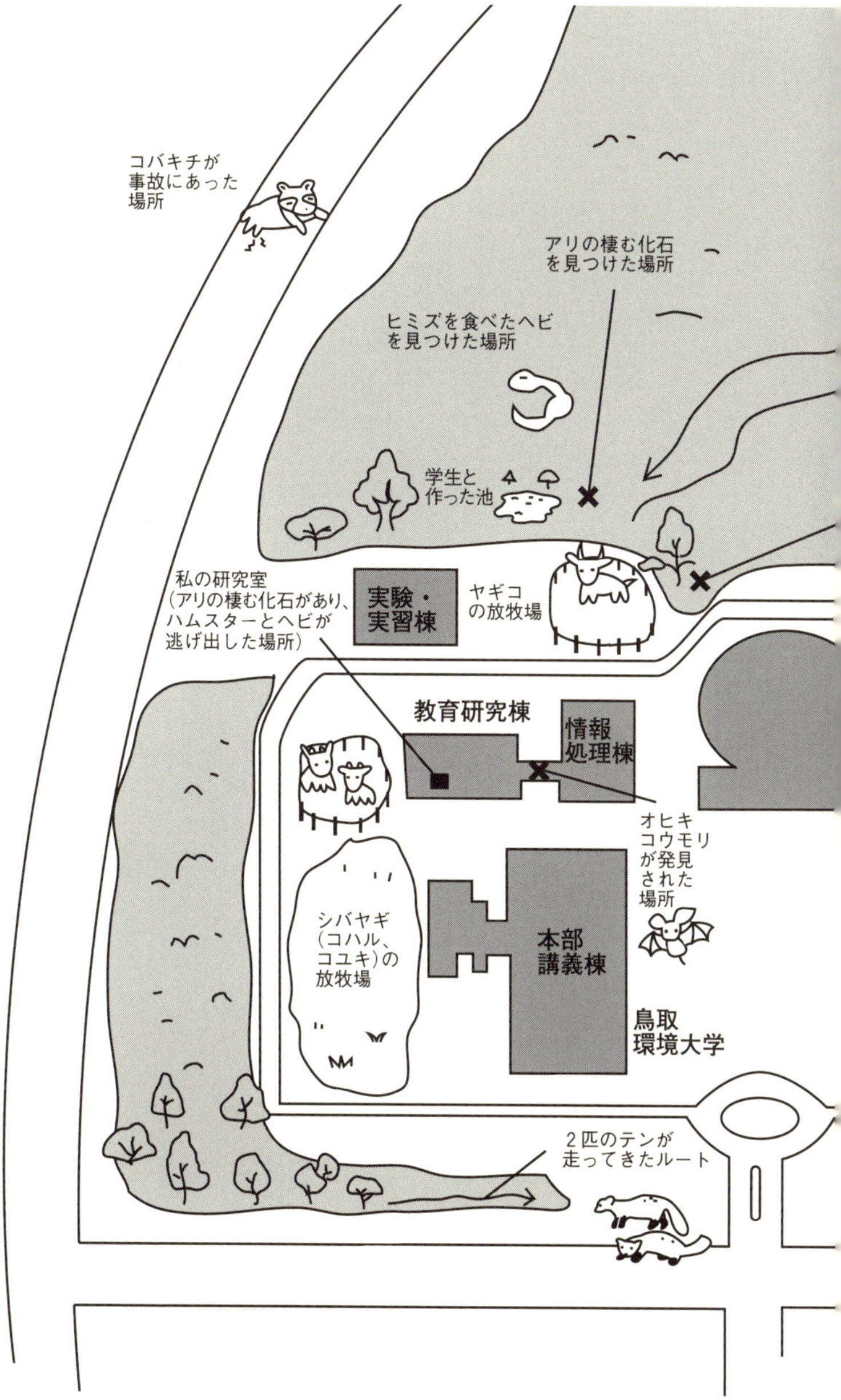
コバキチが
事故にあった
場所
アリの棲む化石
を見つけた場所
ヒミズを食べたヘビ
を見つけた場所
学生と
作った池
私の研究室
(アリの棲む化石があり、
ハムスターとヘビが
逃げ出した場所)
実験・
実習棟
ヤギコ
の放牧場
教育研究棟
情報
処理棟
オヒキ
コウモリ
が発見
された
場所
シバヤギ
(コハル、
コユキ)の
放牧場
本部
講義棟
鳥取
環境大学
2匹のテンが
走ってきたルート

「巨大コウモリが廊下を飛んでいます！」

人の“脳のクセ”とコウモリ事件

五月の終わり。初夏のような少し暑い、しかし気持ちのよい晴天の日だった。川でのアカハライモリの調査作業を終えて大学にもどった。夜の七時ごろで、休日のせいもあって学生はまばらだった。

一階と二階の間の踊り場で学生と出会った。一年生のIくんである。その顔が一瞬輝いたような気がした。

私に近寄ってきたIくんが話をはじめた。

「さっき先生にメールしたんですが、巨大なコウモリが一階のドアの内側で飛びまわっていて、天井の隙間に入りました」

巨大なコウモリが侵入したか。……………すばらしい。

Iくんは、私の顔が一瞬輝くのに気づいただろうか。川での作業で疲れていた体に力がよみがえるのを感じた。これは開学五年目にして初の事件だ。

私はIくんと一緒に現場に向かった。

現場に向かう途中、私の頭の中にはモンタージュ写真のように、いろいろなコウモリの姿が浮かんでは消えた。

「巨大コウモリが廊下を飛んでいます！」

可能性が高いのはイエコウモリだろうが、巨大というのだからそうではないだろう。比較的大きくて、このあたりにいるとすれば、キクガシラコウモリだろうか。それでも〝巨大〟にはかなり無理がある。まさかペットとして飼われていたオオコウモリの種類が入ってきたわけでもあるまい。天井のライトが小さなコウモリを大きく見せかけたのかもしれない。

そうこうしている間に現場に到着した。Ｉくんと現場検証をした結果、ドアの上の戸袋のような部分に隠れている可能性が大きいということになった。

休日で事務室も閉まっていたので、近くにあった四角い傘立てを運び、二つ重ね、三つ重ね……とだんだん高くしていった。

Ｉくんが「中国雑技団のようですね。こういう展開になると思ってました」と言ったのが、今でも耳に残っている。

残念ながら戸袋の中は入り組んでいて、中国雑技団にも限界があった。大捜索は中断された。

翌日、コウモリの件で、大学の学生と教職員全員にメールを送った。文面はＩくんからのメールの一部を拝借して次のようにした。

環境政策学科の小林です。お騒がせしてすいませんが、一件緊急でお願いがあります。昨日（28日）の夜、学生から、“教育研究棟一階のメディアセンター側のドアのあたりに、巨大なコウモリが飛んでいる”との連絡があり、私も一緒に現場に行ってみました。ドア上部の戸袋の中に入ったようで、登って調べてみると、それらしい音は少ししましたが、確認、保護はできませんでした。夜になると飛び出して棟の中を飛び回る可能性が高いです。保護して種類を同定して逃がしてやりたいと思っています。皆さんへの危険はないと思いますので（多分！）、発見したら騒がず、小林まで連絡して下さい。

実のところ、メールなど送らなくても、誰かが〝巨大コウモリ〟を発見したら、やがては私の耳にも入るだろうという思いはあった。しかし、あえて送ったのは、その可能性を確実にしたいという思いと同時に、大学の中に、小さな活気の波紋を起こしたいと思ったからである。大学を盛り上げたい、というけなげな自校愛からであった。

はたして、その思いは翌日かなり報われた。学生や教職員のみなさんから、貴重な情報や励まし（?）のメールが届いた。（人間以外の）動物についての話題というのは、何かしらほのぼのとした印象を与え、みんなが素直なやさしい気分になりやすいものなのだと改めて感じた。

そしてその日の夜、実験室で作業をしていた私のところへ数人の学生が弾んだ声で来てくれた。

「コウモリが飛んでいます！」

見つけてくれたのはMくんを頭とする、環境アセスメントを研究する学生グループの面々であった。

その場に駆けつけると、皆興奮した様子で廊下の天井近くを飛ぶコウモリを見上げていた。

チッ、チッ、チッという甲高い声が絶えず聞こえていた。

コウモリが超音波を出し、はね返ってくる音のパターンで障害物を察知しているのである。

〝巨大〟とまではいかないにしても、これは確かに大きい。特に、狭い廊下を大胆に飛んでいる姿は、実物よりも大きな印象を与えるのだろう。

コウモリが遠くへ行かないように、学生に、廊下の中ほどに手をあげて一列に立ってもらい、私はすぐに実習の道具を入れている倉庫へ走り、大型の網を持ってきた。そしてコウモリが壁にはりついた瞬間に網をかぶせ捕獲した。

捕獲したコウモリを学生たちに見せて、体の構造や行動の特徴などについてひとしきり説明した後、私は一人ひとりに、コウモリの顔を正面から見るように勧めた。

コウモリに限らず、両生類、爬虫類、鳥類、哺乳類は、**顔を正面から見ると思いがけずかわいいことがよくある**。その動物に対する見方が一変することもある。Yさんは、携帯で正面からコウモリの顔を写真に撮っていた。

コウモリの種類についてであるが、その独特な形態（顔を覆うように前方へ大きく突き出した大きい耳、尾《び》

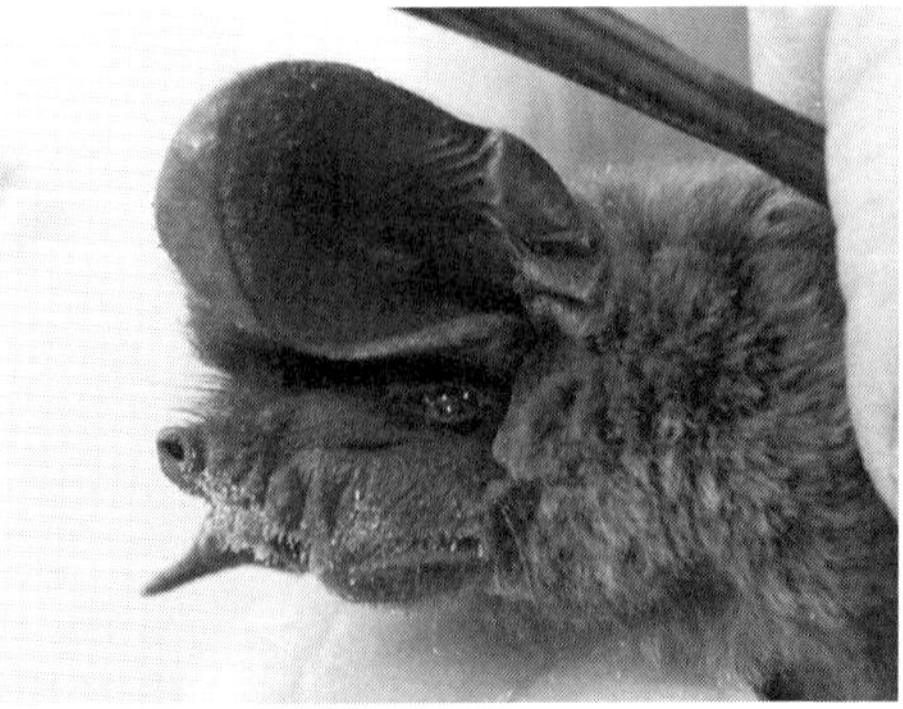

大学の廊下で保護されたオヒキコウモリ。大きな耳が特徴

膜《まく》から長く突き出した尾など）は、私の頭の中のモンタージュ写真にはなかった。

後で調べた結果、鳥取県では捕獲報告がなく、日本でもこれまで捕獲例は一〇例ほどで、営巣地も一九九六年になってはじめて宮崎県で見つかったという、珍しい種類であることがわかった。和名は**オヒキコウモリ**といい、環境省のレッドデータリストでは、情報不足（ＤＤ）となっていた。


コウモリは、捕獲した翌日の夜、大学林に放してやった。

捕獲してから放すまでの一日間、体長を測ったり行動を観察したり、餌（蛾やバッタ）を与えたりして、コウモリとたっぷりとふれあいをもった（もちろん講義や会議には連れていけなかったが）。

餌は、左手でコウモリの体を持ち、右手で蛾やバッタを口元に押しつけるようにして与えた。最初はなかなか食べてくれなくて苦労したが、やがて、私が口の前に餌を持っていくだけで、自分から飛びついて食べるようになった。幾多の動物を保護し餌を与えた経験のある私だが、オヒキコウモリの学習の速さには驚いた。

餌を口に入れると、「ありがとう」とでも言うように、チッという大きな声を発した。何度繰り返しても同じような声を発するので、何らかの生物学的な意味があるのだろうと思われた。残念ながら「ありがとう」ではないだろう。

大学の森に放すころには、私は、そのつぶらな瞳の毛むくじゃらの顔をしたコウモリがかわいくて仕方なくなっていた。しかし、生息地にもどしてやらなければならない。

意を決して森に入り、クヌギの木にとまらせてやった。コウモリはそそくさと木を登っていき、地上三メートルくらいのところまで達すると頭を下向きにして、いかにもコウモリらしい姿勢をとり、さかんに超音波で周囲の様子を探っているようだった。

やがてパッと飛翔し、音もなく森の闇間に消えていった。

姿が消えた方角に「元気で暮らせ」と言ってやった。

コウモリ事件も一段落したその夜、また学生と教職員全員に、報告のメールを送った。捕獲の経緯やコウモリの種類、大学の森に放してやったことなどを手短に書き、コウモリの顔のアップの写真もつけて送った。すると、一〇通ほどの返事が届いた。珍しい種類であったことについての感想や「安心しました」といった内容が多かった。

広報課のTさんからは、「(私からのメールをまとめて) 地元の新聞社に連絡したら取材させてくれということになったのですが………」という電話があった。記事にされるのならもっと中身のある事件のほうが………と思ったが、大学の宣伝ということで了解した。

さて、このコウモリの話には少しおまけがある。

新聞記者のKさんから記事の内容について最終確認の電話があったとき、私は大学院生のFくんとコウモリの洞窟にいた。ただしそのコウモリはオヒキコウモリではなかった。キクガシラコウモリだった。

キクガシラコウモリは、日本全土で比較的よく見られる種類である。（といっても、私のような人間も含めた、夜の森を歩くことがあるような人にとっては、であるが。）オヒキコウモリより一回り小さいが、日本のコウモリの中では大きい部類に入る。

Kさんから電話を受けたのは、ちょうどキクガシラコウモリの営巣洞窟を見つけて二人で喜んでいるときだった。

つまりこういうわけだった。

オヒキコウモリを森に放した翌日、大学院の授業の時間に、大学から車で二〇分ほど行った山の麓まで、実習の下見に出かけた。それが終わって帰る途中、フロントガラス右手前方の山の斜面に、岩場にあいた穴を発見した。

なにやら胸騒ぎを感じて、無性に調べたくなった私は、車を止め、Ｆくんと一緒にその穴をめざして歩きはじめた。

岩を登って入り口に立つと、中は広がって洞窟のようになっており、底にはきれいな透明の水が奥のほうまで続いていた。

われわれはワクワクしながら進んでいった。

そこでまず発見したのは、水中のイモリである。

こんなところにイモリが！

捕獲して手に取って見ると、なんとも体がグニャグニャのイモリで、体表は白っぽくてヌルッと滑らかだった。

あの洞窟にはきっとなにかいる！　山の斜面に見える洞窟の入り口

その発見の重要性はまた別の機会に述べるとして……、私は、イモリとは違うある動物を探していた。コウモリである。今思うと、コウモリがいることを心のどこかで確信していたような気がする。

「コウモリがいました！」

はたして、Ｆくんが別の穴でコウモリを見つけた。天井を飛んでいたとのことだった。

Ｆくんがコウモリを見つけた穴を奥へ奥へと進んでいくと、穴は上下に狭くなり、地面は急な上りになっていた。そこを進んでいくと少し広い空間があり、そこに四匹のコウモリが逆さにぶら下がっていた。

驚かさないように離れたところからライトを当て、顔を見ると、鼻がキクガシラコウモリに特有の、ひだのような広がり方をしていた。地面を調べると、コウモリたちが食べたと思われる蛾の翅《はね》や、糞の山が見つかった。ここに定住しているのであろう。

すばらしい。

私の動物地図に新しい場所が加わった。もちろん大切に守らなければならない営巣洞窟だ。

オヒキコウモリとキクガシラコウモリ。

偶然にしては立て続けにコウモリづいた日々であった。ユング学派なら、さしずめ、〝同時性の法則〟（超自然的な作用によって、似たような時間帯に似たような事件が連続して起こること）を当てはめたかもしれない。しかし、もちろん、そんな神秘の力が背後に働いたわけではない。

そうではなく、コウモリ事件が連続したのは、単なる偶然の結果に加えて、**人間の脳の〝癖〟が関係していた**と私は思っている。

つまり、オヒキコウモリの体験が私の脳に作用して、**コウモリに対する感受性・反応性を引き上げていたからではないか**と思うのである。

「**自然界で、ある出来事が起こると、その出来事に関連した事象に対する脳の反応性が増大する**」――そういった脳の癖は、われわれの祖先の生活環境の中では適応的なことだったと想像される。

というのは、その出来事が起こったということは、その地域には、それを引き起こすような潜在的な原因基盤がある場合が多く、もしそうなら、同様な出来事がまた起こる可能性は高いからである。

たとえば、アメリカのカリフォルニア州の森林では山火事が多いが、それは乾燥しやすいその地域の特性が関係している。そして、その地域に住む人々にとっては、山火事がまた起こるかもしれないという警戒をもって暮らすことは適応的なことである。

オヒキコウモリに出会った私の脳は、コウモリの出現に備えて反応性を上げ、フロントガラス越しに見えた、普通なら見過ごしてしまうような山の斜面の穴に敏感に反応したのかもしれない。

「あれはコウモリの営巣洞窟ではないか！」と。

「巨大コウモリが廊下を飛んでいます！」

最後に、一連の私の行動を聞かれて、いかにも〝魅力刺激→即反応〟の単純動物のように感じられたかもしれないが、文章には現れないその背後には、大変な思慮と計算があるのである。たとえば、洞窟に入っていく際にも、特に大事な学生が一緒だから、岩盤の質や丈夫さはどうか、傾斜は危険ではないか。さらには、可能性のある動物を想定した危険時の対処法や、逆に動物を驚かして生息地を奪う危険性を最小限にするには、などのさまざまな思考が。

読者のみなさんも、洞窟も含めて自然に分け入るときは、頭と感覚器をフルに回転させて行動していただきたい。

それが自然に接する際の醍醐味でもあるのだから。

ヘビが逃げた！　ハムスターも逃げた！

人工空間の中の生態系のお話

ある女子学生から、

「**先生にはストレスというのがないように見えます**」

と言われたことがある。

無邪気に動物と戯れているような印象があるのだろうか。（そう言われると一概には否定できないような気もするが。）

なにか抵抗しておきたいと感じた私は、「いや、私にだって人並みに悩みはありますよ」と答えておいた。

なにやら私が何も考えていない野性児のようではないか。私にだって人並み、いやそれ以上の悩みはあるのだ。夜、眠れないことだってよくあるのだ。

私は何を隠そう、大学の研究室でヘビを飼育している。

（この告白で、私は大学の中でさらに孤立するだろう。それでなくても、**私の向かいの部屋の、ある法律の先生は、私の部屋のことをアナザーワールドと言って近寄られない**。きれいな女性の先生であるが、見事な直感というほかない。）

ただし、私は、ヘビが大好きでペットのような思いで飼育しているわけではない。実験に必要だからやむをえず保持しているのである。

怖くないのかと聞かれたら……、あまり怖くないと答えざるをえないだろう。しかし、野外であろうと、部屋の中であろうと、ヘビの姿を見た瞬間はやはり怖い。何も自慢することではないのだが、ヘビを見た瞬間は私だって人並みに怖いのだ。

ある日、大学林で作業をしていて、一メートル程度（中型といったところである）のアオダイショウに出会った。一瞬、ドキッとしたが、すぐに体は捕獲に動く。いつものパターンである。

おいおい、捕まえてどうするんだ。飼うのも面倒だろ。

そんな良識ある内なる声もなんのその、私の足はすでにヘビの尾を踏んでいる。いつか実験で必要になるかもしれない。最後はそうやって自分を納得させる。

尾に衝撃を感じたヘビは体をまっすぐに伸ばして、必死で前へ進もうとする。私の足に力がこもる。おもむろに私はヘビの背中の上に手を乗せ、尾から頭部へと手を滑らせていき、最後に頭をしっかりとつかむ。

いつもの動作である。もう何回こんな捕り物劇を繰り返してきただろうか。

なかなか元気のいい、きりりとしたかわいい顔のオスである。

背負っているザックの中から網袋を取り出してヘビを入れ、ザックに収める。ヘビとの一連のやりとりは心地のよい感触を残してくれる。

うむ、このあたりが、一般の人と違うところかもしれない。私にでもその程度の客観視はできる。

そういえば先日、**大学のホームページの「大学林の生態」というページに、子どものかわいいジムグリが、口をあけて威嚇している写真を送ったら、ホームページを管理している経済学の女性のN先生にボツにされた。**

笑顔が魅力的な若い先生であるが、「これを見たら受験生はそんな林がある大学に来ることをためらうでしょう」と笑顔でたしなめられた。

そういうものなのかと思った。

私にはどう見ても、腕白一杯の子ヘビが、精一杯の空元気を出してがんばっている様子にしか見えないのだが。やはり、自分のズレを自覚したほうがいいらしい。

ちなみに、子ヘビの口の中に見える穴は、肺に通じる気管の入り口である。人間も含めた他の動物では喉の奥に開いているのだが、ヘビではなんと、こんな位置に開口しているのだ。

それは、大きな獲物をゆっくり飲みこむとき、気管が塞がれて窒息することを避けるためと考えられている。ほんとうにすばらしい。

（やはり、もう一度N先生に大学のホームページに乗せてもらうよう頼んでみよう。）

実験室に帰ってから、さてこのヘビをどうしようかと考える。

ここに置いていて誰か〝一般の人〟が発見したら具合が悪いことになるかもしれない。やはり私の管理がいきとどく（つまりヘビを隠して飼える）研究室しかない。

ところで、ヘビは肉食である。飼育するのは普通は

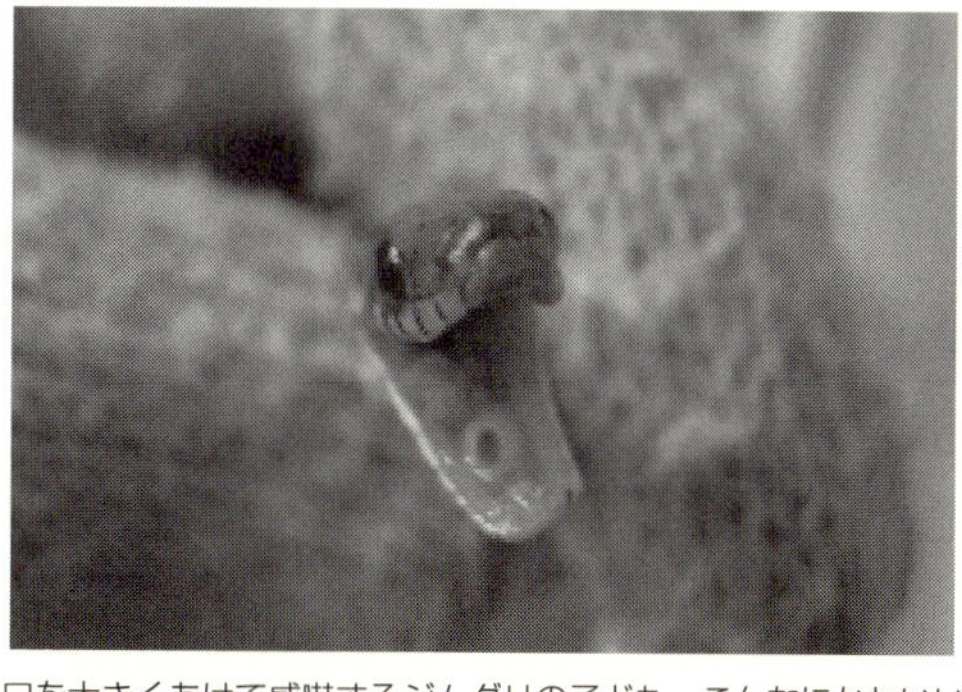

口を大きくあけて威嚇するジムグリの子ども。こんなにかわいいのに大学HPへの掲載お断り！　口の中の白い輪は気管の開口部

手がかかる。マニアックにヘビを飼っている人は市販の冷凍マウスなどを与えるのかもしれないが、私はそうしたくない。

私には長年苦労して編み出した独自の方法がある。安い鶏肉を一切れ切りとり、ヘビの口の中（正確には喉の奥）に押しこんでやるのである。

ここだけの話であるが、この方法を開発して間もないころ、まだこの方法に熟練していなかった私は、大変な目にあったことがある。

肉の飲みこみが悪かったので、ヘビの喉へ入れた肉を指で奥へ奥へと押しこんでいたときだった。ヘビの口が閉じてしまったのである。

そのときはじめて実感したのだが、ヘビの歯は、手前から奥の方向に列になって生えているのだ。つまり、一度獲物を口の中に入れてしまうと、歯が〝返し〟のような機能を果たし、もがけばもがくほど奥に移動するような仕組みになっているのである。

それはヘビにとってうまい構造なのだが、私の指が獲物のように奥に移動するとなると話は別である。抜こうとすると歯の返しに刺さって抜けないではないか。それどころか、少しずつ奥へ奥へと移動しているような気がする。

どうなるのだろう。油汗が出てきた。

しかし、ヘビも捨てたものではない。最後は助けてくれるのである。ヘビの体の構造には、獲物を効率的に飲みこむ仕組みとともに、一度飲みこんだ獲物を口から外へ吐き出す仕組みも備わっている。

大きな獲物を飲みこんで動きが鈍くなっているヘビに、棒でつつくなどのストレスを加えると、獲物を吐き出して逃げていくことがある。

また、家庭用の金網のネズミ罠を森に仕掛けておくと、細長くなって、文字どおり濡れネズミになったアカネズミ（もちろん死んでいる）が、金網罠の中にぽつんと残っていることがある。これは、ヘビが、罠にかかったアカネズミを金網の間から侵入して捕食したのだが、腹がふくれて出られなくなり、アカネズミを吐き出して金網罠から脱出した結果なのである。

私は、ヘビがアカネズミを吐き出すところを見たことがある。歯が邪魔にならないくらい口を大きくあけて体をSの字に曲げながら、食道のあたりから搾り出すようにして吐き出した。

脂汗をかいていた私を気の毒に思ったのか、私の指が喉の奥に入りかけていた若いアオダイショウは、その吐き出し動作をはじめてくれたのである。

指が搾り出される感触も味わえた。

へビの喉に入った指の数カ所からは血が出ていたが、貴重な体験ができたと思った。ヘビの歯の並び方や歯の感触、吐きもどしの際の筋肉の使い方など、しっかり頭に入った。もう忘れることはないだろう。それが何の役に立つの？と言われたら困るのだけれど。

さて、研究室で飼育しはじめたヘビであるが、部屋の中にはヘビ以外にもいろいろな動物が飼われていた。

ヒゲジロハサミムシ、クロゲンゴロウ、メダカ、シマドジョウ、ヤツメウナギ、アカハライモリ、カスミサンショウウオ、クサガメ、ジャンガリアンハムスター……。

どれもこれも、なんとなく飼いはじめたわけではない。（気をゆるめると動物が増えていくので、いつも気をつけている。）私や学生の実験に必要なものや、学生がどこかで捕獲し「小林が喜ぶだろう」と、持ってきてくれたものである。

学生が持ってきてくれた動物たちは、「ちょっと違うのだけれど」と言いたくなるものが多いが、そこは教育者である。ぐっと抑えて、なるべく受けとるようにしている。ただし、中にはそれでも辞退するものもある。

たとえば、私のゼミの学生のHくんが持ってきてくれた、干からびたヤモリの死体である。

部屋を掃除していて見つけたのだという。背骨のラインが皮膚越しに見事に浮き上がっていた。

確かに昆虫の死体やツキノワグマをはじめ、いろいろな哺乳類の骨格は置いているけれども、干からびたヤモリはちょっと。私をよく眺めているはずのHくんの目に、私はどのように映っていたのだろうか。少し不安になった。

これらの動物の中で、今回の事件を演出したのは、何を隠そう、ジャンガリアンハムスターであった。（それと若いアオダイショウと。）

ちなみに、ジャンガリアンハムスターは、学生Kさんの卒論研究のために、私がけなげに用意したものであった。（しかし、結局Kさんはハムスターを使わなかった。）

ある日、出勤すると、水槽で飼育していたアオダイショウの姿が見えない。

しまった。

昨日餌をやったとき、ふたの閉め方があまくなっていたか。でもそれほどあわてはしない。

以前にも二度ほどヘビが逃げたことがあった。

一度は、ジムグリという種類のヘビで、まだ小さかった。ドアと床の隙間を通って脱出したらしく、廊下を這っていたところを、私のゼミの学生（多くは動物好き）が見つけてくれた。

まだ小さいヘビとはいえ、もし、私の部屋をアナザーワールドと言った先生の部屋に侵入していたら（部屋は廊下を隔てて真向かいだから、可能性は十分あった！）と思うとぞっとする。

しかし今回はその心配はない。ヘビは十分大きいから、ドアと床の隙間は通過できない。以前逃げたときもそうだった。

ただしそのときは、別な意味で驚かされた。

遠く山々が見えるいい眺めの窓のブラインドを上げると、**窓の棚のところで大きなアオダイショウがとぐろを巻いて首を上げてこちらを見ていたのだ**。おそらく向こうも驚いたのだろうが、こちらはもっと驚いた。

そんな経験もしているのだから、今度は、少々のこ

研究室からの眺め

とがあっても大丈夫だ。

ところがいつもの机について前を見て「えっ！」と思った。

机のすみの水槽で飼っていた**ジャンガリアンハムスターが逃げている!?**

水槽にかぶせているプラスチックの格子のふたに穴があき、少しずれている。あわてて水槽の中の巣箱を確認したら、やはりハムスターはいない。

そういえば、数日前から、ふたを齧るような音がみょうに甲高くなっていた。齧っているのかなとは思っていたが、まさか体が通るほどの穴をあけるとは。

水槽から出て、机の上を歩き回ったに違いない。いろいろなものの配置が乱れている。ダチョウの卵がかなり動いている。貝殻が四方にはねている。

ヘビだけならいい。ハムスターだけでも（こいつは実はなかなか厄介なのだけれど）、まーそのうち捕まえることができるだろう。

しかし、**同時に逃げられたとなると……**、**これは困った。**

ハムスターがヘビに食べられてしまう。私の頭には、ジャンガリアンハムスターを飲みこんで腹の一部がふくらんだアオダイショウの姿が目に浮かんだ。私のイメージは、これまで獲物を食べたヘビを何度も見ているだけにリアルである。

あまり私になつかず、とりたてて発見の楽しみを与えてくれなかったハムスターではあるが、ヘビに食べられるのはかわいそうだ。それも、野生の生息地でならなんとなく〝自然で〟納得もいくが（?）、いろいろな収集物が並んでホコリのたまった私の狭い研究室で捕食されるのは……。

これは急がなければならない。

私は、急いでザックからアカネズミ用の罠を取り出し、ハムスターの習性を考えながら、彼（そのジャンガリアンハムスターは♂だった）の通りそうな場所に仕掛けていった。もちろん、生かして捕らえる罠である。おびき寄せる餌はヒマワリの種にした。

都会の中のジャングルという言葉があるが、今の状況は、それとは少し違った意味での〝**人工物の中の食物連鎖**〟である。そういえば、〝人工物の中の食物連鎖〟あるいは〝人工物の中で成立した生態系〟は、そのときまでにも、何回か経験があった。

私の研究室がある棟の一階の入り口付近には、夜になると、北側に接する大学林から光に誘われていろいろな虫がやってくる。中には、ドアと床の隙間から中に入ってくるものもいる。ヤママユガ、オオミズアオ、ノコギリクワガタ、ゴマダラカミキリ、ウスバカゲロウ、オカダンゴムシ……。

それらの昆虫は、やがてドアの内側の人工空間の中で乾燥して横たわる。私は、生きているものはなるべく外に出し、死んでいるもののいくつかは標本として残している。どの季節にどんな昆虫が出現するのか、年によって個体数の増減はあるのか、などの資料になるからである。

タマムシやタガメといった、今では珍しくなった昆虫は、透明の箱の中にきれいに並べて部屋に置いてある。

時々、その昆虫箱の中に奇妙な虫を発見する。よく見ると飴の包み紙などで作った鶴などの小さい折り紙動物である。学生たちのユーモアにニヤッとする。もちろんそのまま置いている。

さて、**ドアの内側の人工空間で成立している生態系**（の一部）を目撃したときはなにやら感動した。

構成生物はオカダンゴムシとオオハサミムシである。

これらの虫が外から侵入してきていたのは知っていた。水も食べ物もない人工空間に迷いこんだ彼らをかわいそうに思って、外に出してやったことも数知れない。ダンゴムシは丸まったまま素直に、オオハサミムシは尻のハサミで私の指を力いっぱい挟んで抵抗しながら、外の草むらへと投げられていった。

仕事で夜遅くなり、人通りもまばらになった一階の入り口付近を歩いていたときだった。一匹のオオハサミムシが前方一メートルほどのところで、ダンゴムシに攻撃を仕掛けているのを目撃した。

私にとって、オオハサミムシの攻撃行動そのものは見慣れたものであった。尾のはさみで素早くダンゴムシを挟み、その腹側に噛みつく。シマウマに攻撃するライオンさながらである。ダンゴムシには気の毒な思いになるが、その一方で、野生の命の営みが、無味乾燥な室内空間で自発的に起こっていることが私の心に好奇心と潤いを感じさせる。

続いてオオハサミムシは、自然状態で行うように、ダンゴムシを尻のハサミに挟んだまま、ある方向へまっすぐ移動していった。ハサミムシは、捕まえた獲物を巣穴の中や安全な場所に運んでから食べることが多いのである。

どこへ運ぶのだろうと興味津々で後を追っていくと、ハサミムシは〝狩場〟から三メートルほど離れた場所に置いてある傘立ての下に入っていった。そして出てこない。まだ残っている仕事もあるしこのまま立ち去ろうかと思ったが、私の中の好奇心が頭をもたげてくる。

中は一体どうなっているのだろう。しかし、傘立てを取ったらせっかくのハサミムシの隠れ家を壊すことになるかもしれない。いろいろな思いが錯綜《さくそう》する。

結局、我慢しきれなくなった私は、そっと傘立てを動かして、下の様子をのぞいてみた。そこには、腹のあたりが食べられ、乾燥して白くなったダンゴムシが六体ほどかためて置いてあった。もちろん全部死んでいる。そのすぐ横には、新たなダンゴムシをハサミで抱えたまま腹側を食べているハサミムシがいたが、驚いた様子で獲物を放り出して逃げていった。

考えてみれば、多くの人に嫌われているゴキブリ（クロゴキブリ）やハツカネズミも、家という人工物の中で生きている動物である。しかし、彼らが主に人間が出した残飯などを餌にして生きているのに対し、オオハサミムシとオカダンゴムシの関係は、野生でのつながりがそのまま人工空間で成立している。

オオハサミムシは夜な夜な巣から出て、獲物を求めて探索し、狩りをして獲物を巣に持ちかえり……。そういった生態系の一部としての営みを、人工スペースで成立させているのである。


アメリカの生物学者E・O・ウィルソンは、人間には、生物や生物同士がつくり出すさまざまな関係に魅了される生得的な心理特性（氏はそのような特性を〝バイオフィリア〟とよんだ）があると主張し、多くの生物学者や心理学者、人類学者に影響を与えてきた。

私もその影響を強く受けた一人であるが、ハサミムシとダンゴムシのやりとりにひきつけられる私は、もう〝バイオフィリア〟が服を着て歩いているようなものである。


さて、ジャンガリアンハムスターとアオダイショウの話である。

これもバイオフィリアを活性化する対象であるかもしれないが、この場合は、ハムスターの命がかかっている。

ハムスターの命を救わねば。

仕掛けたトラップにハムスターがかかってくれることを願って毎日、朝、部屋のドアをあけるのであるが、トラップに変化はなかった。

そして三、四日目の朝、部屋に入ると、机の横に置いていたトラップに変化があった。トラップの入り口が閉まっていたのである。

その光景は、森に仕掛けたトラップを点検して回るとき、何度となく見ている光景である。アカネズミやヒメネズミがかかっていることを示すサインであり、私は反射的に反応してしまう。

やった！　やっとハムスターが入ったか。

ところが、近づいてトラップを持ち上げてなにか不可解に感じた。ジャンガリアンハムスターにしては、トラップが重いのである。

おかしいな、と思いながら入り口を少しあけて中をのぞいてみて驚いた。

中に入っていたのはハムスターではなくヘビだったのだ。アオダイショウが中でとぐろを巻いていた。（森でアカネズミが入ったときのニオイがまだ残っていて、アオダイショウをひきつけたのかもしれない。）

しかし次の瞬間、これでもいいんだ、と思い至った。

これでジャンガリアンハムスターがアオダイショウに食べられることはないわけだ。後はトラップに、今度はハムスターが入るのを待てばいいわけだ。


その後、どうなったかって？

一日たっても二日たっても、ジャンガリアンハムスターはいっこうにトラップに入らない。

そしてそれから約一カ月がたとうとしているが、ハムスターは入らない。

もうハムスターがトラップに入ることはないだろう。

長年、動物にふれている私にはわかるのだ。かわいそうなことをした。


私にもストレスや悩みはあるのだ。

イモリを採取していて
ヤツメウナギを捕獲したTくん

自然が発する信号に無意識に反応する脳

そのいきさつについては追々に話すことにして、とにかく学生のTくんやNくんたちと一緒に、二×八メートル程度の小池でアカハライモリを採取しようとしていた。（**イモリたちを救うために。**）

例年になく寒さの厳しい一二月の半ばであった。

Tくんは、愛用のたも網を巧みに使いながら、岸辺と水の境を探っている。

その小池は、大学の近くの袋川という幅三〇〜四〇メートルの川の河川敷に、サワグルミやショウブ、アシ、大きなギシギシなどに囲まれて存在していた。外側からは池はほとんど見えず、長い間、人の手が全く加えられることなく維持されてきた水場のように見えた。

細長い池は、岸を植物がおおい、ゆっくりと流れていく水面に春や夏の太陽が反射した。水はほんとうに

袋川河川敷の繁みの中で見つかった、イモリが生息する小さな池

澄んでいて、四季を通じて水温の変化は少なかった。冬、外の空気の温度がマイナス三度のときでも、水の中は八度以上もあった。

私がその小池を発見したころ、私はアカハライモリの研究をしていた。そして偶然、その小池にもアカハライモリが棲んでいることがわかった。

これはいい！

水場の大きさも適当だし、個体をすべて識別することも不可能ではない。なによりこの水場の景観は魅力的だ。ぜひイモリの調査地に加えよう、そう思うと無性にうれしくなった。

しばらく調べていると、そこのイモリは鳥取市の別の場所のイモリと少し様子が違うことがわかってきた。体がほっそりしていて、四肢の指が異様に長い個体が

雄のアカハライモリ。近年、平野部での個体数が激減している

多かった。腰骨が上下左右に突出した個体も多かった。

それはどういう理由によるものなのだろうか。新たな興味がわいてきた。

一匹ずつ捕まえて、人間の指紋のように個体ごとに異なる腹の模様を写真に撮っていき、イモリの住民リストは少しずつ増えていった。大学の行き帰りに、小池に立ち寄ることが多くなった。


その事件が起きたのは、イモリたちがそれぞれ冬眠に入り、小池の水の中にその姿が見えなくなった一一月であった。

小池のある河川敷の反対側の土手を車で移動していたとき、道脇に、なにかの工事を知らせる看板が立っていた。その看板には、先の洪水で壊れていた堰の改修工事の予定が記されていた。そして、その堰という

袋川河川敷で見つかったイモリは、ほとんどの個体について、四肢の指が異常に長い（左図右の個体は通常のイモリ）

のが、小池のすぐそばにある堰であることはすぐにわかった。

すぐに市の担当者に電話をして内容を聞くと、漠然と感じた不安は的中した。工事計画を詳しく聞いた結果、小池のある場所は埋め立てられて、そこに工事現場に入るトラックのための道ができることがわかった。

担当者は、現地に何度か行ったことがあったようだが、イモリが棲んでいる小池のことは知らなかった。確かに外側からは見つけにくい水場だった。


かつては里地にたくさんいたアカハライモリやツメガエル、メダカ、ゲンゴロウ、ゲンジホタルなどが、水場の開発やコンクリート化によって棲みかを追われ、市街地では、私が見つけた河川敷の小池のような、人の手の入らない場所で細々と生きながらえている。

おまけにその小池のイモリは、なにか他の地域のイモリとは違った形質を備えている可能性もある。

なんとかならないものか。

市の担当の人や業者の人と一緒に現場で話しあった。工事の範囲を縮小するとか、トラックの道を変更するなど、いろいろな案を検討してもらった。しかし残念ながら、小池の埋め立ては避けられなかった。

やむをえない。

残された方法としては、近くの河川敷に、その**小池と似たような環境の水場をつくり、イモリたちをできるだけたくさん移すしかない。**

小池に重機が入る予定の日まで、少しずつ時間をとっては岸などを探り、冬眠しているイモリを見つけ、大学の仮の住まいへ運んだ。ツチガエルやホタルの幼虫、メダカなども一緒に運び、それ以外の動物は、袋川の本流に放した。

アカハライモリがどこで冬眠するかについては、断片的な事例は知られているが、全体像はわかっていない。したがって、小池でのイモリ探しも簡単にはいかなかった。

期限の数日前、採集をこれで終わりにしようと思っていた最後の日、それが冒頭に述べた一二月の半ば、Tくんたちも参加してくれた一斉の採集作業であった。市の担当の人も工事の関係者の人も手伝ってくれた。

その日は、朝からミゾレまじりの雨が降っていた。(うむ、なかなか、暗い話になってしまった。）

しばらく作業を続けていると、Tくんが、「**先生、これは何ですか**」と私に近づいてきた。

Tくんが、網の底を手で押し上げながら私の目の前に突き出した砂まじりの土の中には、ドジョウとミミズとウナギを足して三で割ったような動物がのたうつように激しく動きまわっていた。

哺乳類であれ、爬虫類であれ、魚類であれ、日本に棲むたいていの動物なら種類は即座に答えられる（？）のであるが、このときはそうはいかなかった。

何だこれは？

魚の仲間であることは確かだが、それまで見たこともないものであった。

手でさわりながら、一〇秒ほど観察しただろうか。とがったような口先で砂を噛むようにしながら前に進んでいる。目らしきものは見えない。

何だこれは。

ここでその奇妙な動物の名前がわからなかったら、Tくんたちをはじめ市や工事関係の人の手前カッコワルイ。張りぼての威厳がゆらぐ。

しかし、次の瞬間、私の目は、その動物の前方についている七つの裂け目を見逃さなかった。

頭の中をさまざまな情報が駆けめぐった。そして頼りなげに、一つの名前が頭に浮かんだ。勝負するしかない。

「これはヤツメウナギだろう」

ヤツメウナギ類は、脊椎動物（魚類や哺乳類などの背骨をもつ動物）の中で最も古い形質を保持した種類と考えられており、その形質の一つは、顎《あご》をもたないことである。メクラウナギ類とあわせて無顎類《むがくるい》とよばれるが、無顎類は魚類よりもずっと前に地球上に出現したと考えられている。今から約五億年前である。

現存している日本のヤツメウナギ類には、カワヤツメ、スナヤツメ、シベリアヤツメなどが知られているが、すべて、幼生の時期と、変態後の成体の時期とがある。

私は成体のカワヤツメを一度だけ見たことはあったが、他の種類や幼生は見たことがなかった。目の前の動物の大きさや形態は、明らかにカワヤツメの成体とは違っていた

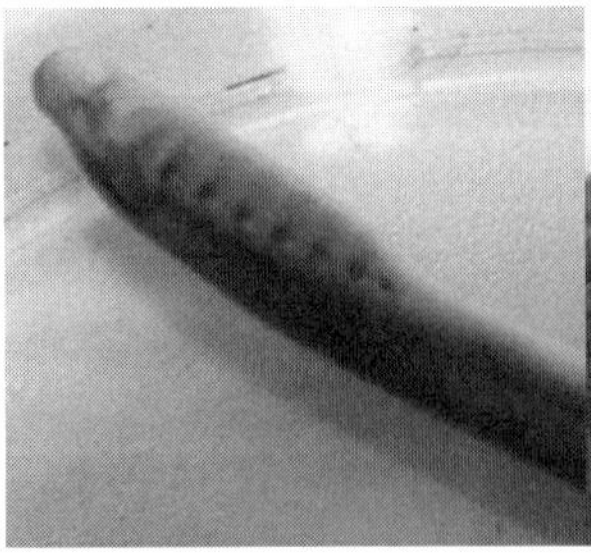

捕獲されたヤツメウナギの幼生。眼はまだ体表面に現れていない

Tくんが捕獲した成体のヤツメウナギ

が、全体の感じがよく似ていた。というか、思い浮かぶ動物がほかにはいなかった。

一瞬、Tくんの顔が輝いた。

「**これがヤツメウナギですか**」

へーという顔をして言った。

そうだ、これがヤツメウナギだ。（おそらく。）

周りの人たちが近寄ってきたので、ヤツメウナギの話をしていると、またTくんが、「また捕れました、今度は大きいです」と叫んだ。

確かに二匹目の個体は体が大きく、カワヤツメの成体によく似ている。パッチリした目が頭部についていて、鰓《えら》もはっきりしている。口も吸盤のように丸くなっている。（後でわかったことだが、最初に捕れた個体は幼生であった。種類は二匹ともスナヤツメであった。）

私は内心救われた思いがした。私は勝負に勝ったのだ。

私が余韻に浸っていると、Tくんが得意そうに言った。

「**ぼくは珍しい動物を見つける星の下に生まれているんです**」

Tくんは Tくんで、余韻に浸っていたらしい。

無理もない。私は彼の言葉に同意した。その気持ちがよくわかったからである。何を隠そう、私も「珍しい動物を見つける星の下に生まれている」のである。

「**自分が行くところ、なぜか動物をめぐって何かが起こる**」

そんなふうに思っていたこともあった。

しかしTくん、ほんとうは星の下の運命ではないのだ。合理的な理由があるのだ。


大学の敷地の南側は道路と接しており、その境目はアカマツやコナラ、アラカシ、ナナカマド、ヤマモモなどが植えられた斜面になっている。大学開学時に植えられた苗木が五年の歳月を経て、二〜三メートル程度の高さになっており、私はその周辺を歩くのが好きである。大学林が大学の北側を囲み、斜面の植林地が大学の南側を囲むような状態である。

ある日、大学林での仕事を終えて、道草をくってその斜面に立ち寄った。すると、一〇メートルほど前方のアカマツの木がかすかに揺れていた。

それは小刻みに揺れており、けっして風の仕業ではない。比較的体が大きく、動きの速い動物が関係しているに違いない。

私は体の動きを止め、次に現れる光景を待った。

はたしてそのアカマツの木に、こげ茶色のテンが登るのが見えた。そしてそれを追うように、もう一匹のテンが登っていった。木の上で二匹がもつれあい、また下に降りていくと、姿が見えなくなった。

しばらくすると、今度は、アカマツの木から数メートル離れた木が揺れはじめた。そしてまた二匹のテンが現れた。

私はじっと息を殺してその光景を見ていた。

すると今度は、あろうことか、二匹のテンが、木々の間を見え隠れしながら私のほうに向かって走ってきた。走ってきて、私のすぐ足下を通過していった。また向こうのほうで、木に登っている。やがてあたりは静かになった。

後で調べてみると、私は、〝テンの道〟の上に立っていたことがわかった。

二〇センチほどの幅で、帯状に地面が踏み固められていた。たどっていくと、テンの糞がいくつか見つかった。コガネムシなどの甲虫やバッタ類、木の実などを食べていることがわかった。

私は、これまでの体験から、木や草や枯葉が、風ではない何らかの力によって動かされたときの、像や音の変化に敏感に反応するようになっている。

無意識に脳が反応するのである。

テンが動かしたアカマツの揺れなどはその典型である。大学林で、枯れ葉の音に反応してヒミズ（モグラと同じ仲間の哺乳類、モグラよりずっと小さく、地球上で一番小さい哺乳類と言ってもいい）を捕まえたこともある。

そして、おそらくそれが、〝星の下〟の原因の一つなのだと思う。

同じ山道を歩いていても、私は出会い、私以外の人は出会わない、そういったことが起こるのはなぜか。

それは、**私の五感は**、**絶えず無意識のうちに**、**自然の変化の信号に反応している**からである。たとえば、先の植林地で、もし前方のアカマツのかすかな揺れに気がついていなかったらどうだろうか。

おそらく、どんどん前に進み、それに気づいたテンはさっと身ひるがえして密かに逃げたであろう。そうしたら、私にとってテンはその場に存在しなかったことになる。

Tくんは小さいころから水辺で動物を捕まえるのが大好きだったそうだ。今でも、愛用の網を背負って自転車で河川敷の池や小川などによく行っている。イモリの小池に入ったときも、Tくんの五感は、どこに動物が多く生息するかを無意識のうちに探りつづけていたに違いない。

それが〝星の下に生まれた〟と感じさせる結果を生み出したのだろう。

ところで、ヤツメウナギを発見してから、作業の最大の目的であるイモリの捕獲のことは、Ｔくんの頭から完全に忘れ去られているように見えた。

いや、完全に忘れていた。

彼はただただ珍しい動物を狙って網を振るっていた。（私にはその後ろ姿からわかるのだ。）その証拠に、他の人は各々何匹かのイモリを保護しているのに、Ｔくんは一匹も捕まえていないではないか！

やがてミゾレまじりの雨も止み、空の一角に青空も見えてきた。一応の予定は終わった。作業を終え、イモリやヤツメウナギ、ツチガエルなどを車に積んで大学に帰ってきた。

イモリは、その日までに、あわせて六〇匹程度が保護された。

私の部屋で暖かいコーヒーをすすりながら、その日は学生たちと、イモリやヤツメウナギの話で盛り上がった。

ヤツメウナギ（正確にはスナヤツメであることが後でわかった）は、環境省や、鳥取県も含めた多くの県で、絶滅危惧種に指定されている。アカハライモリもこのまま対策がなされなければ、近い将来、絶滅危惧種になるだろう。彼らは、ずっとずっと以前からあの小池で餌をとり、子を産んで、一生を過ごしていたのだ。

できればもとのまま小池を残してやりたかった。その積み重ねが、結局はわれわれ人間の生存を助けることになるのだが。

大学林で母アナグマに襲われた？話

神話と伝承をつくり出す“脳のクセ”

一〇月の初めの、そのころにしては暑い日だった。

夜の一〇時ごろ、出張からもどり、アカネズミの罠を持って大学林に向かった。次の日、アカネズミを使った、ある実験を予定していた。

一応、ライトは持っていったが、月光が明るく、しばらくすると目が慣れてきてライトも要らなくなった。

カヤやアカマツが生えた斜面の小道を登って雑木の林に入る手前にさしかかったときである。前方のカヤの葉が揺れカサカサという音がした。立ち止まって様子を見たが、その揺れと音はこちらに向かっている。

またタヌキが下ばかり見て歩いているに違いない、困ったものだ。このままだと私の足と鉢合わせになり、驚いて逃げていくことになるだろう。

これまでにもそんなことが何度もあった。タヌキは林床のミミズや昆虫などが好物である。だから、絶えず鼻を地面に近づけて移動するのである。なるべく驚かさないように、またタヌキの姿を見ることができるように、私はその場に立ち止まりじっと待っていた。

予想に反して小道に出てきたのは大きなアナグマだった。そして、大きなアナグマの後ろに、三匹の小さな子どもと、中くらいのアナグマ、計四匹が続いているではないか。親子に違いないが、成獣のオスは子どもとは行動をともにしないといわれている。おそらく先頭の大きな個体は母親だろう。中くらいの個体は？

アナグマの社会では、母系の血縁個体が同じ巣穴を利用して一緒に行動することが多いといわれている。中くらいの個体は、子どもたちの姉か、いや、叔母かもしれない。そんなことがぼんやりと頭をよぎった。

しかし相手はタヌキではなくアナグマである。その後起こることを想像すると不安でいっぱいになった。

アナグマは気性の荒い動物として有名である。そして子連れの親はさらに攻撃的である。下手に動いてアナグマを驚かして刺激したら………。私は、何事もなく一団が通り過ぎてくれるのをひたすら祈って身を硬くした。

ところが**事はそう簡単には終わらなかった**。

まず、先頭のアナグマが私の足に気づきクンクン臭いをかぎはじめた。すると後ろから来た残りの四匹も、相次いで同じように私の足をかぎはじめた。（ある事情で靴下を数日間、替えていなかった。それもまずかったかもしれない。）

私は五匹のアナグマに取り囲まれたような状態になった。緊張感もピークに達したが、同時に、野生動物と直に接しているという感覚が私を不思議な気分にした。

次の瞬間、先頭の母親と思われるアナグマが、何かにハッと気がついたように後ろへ跳びのき、カヤの草むらの中に隠れた。

それにつられるように中くらいの個体もカヤの中に退いた。

お母さんあんたは偉い。

これでアナグマたちは皆、私から離れ一件落着、と思ったが、またしても期待どおりにはいかなかった。三匹のチビが私の足元からなかなか離れないのだ。

子ども時代に新奇な対象に対して好奇心旺盛なのは、人間をはじめとする比較的長生きする動物にとっては有益な特性だと考えられている。その後の長く続くことになる生存や繁殖に有利な情報が得られる可能性が高いからである。

とはいえ、**アナグマの子どもがこんなにも好奇心旺盛だとは**………。

少し離れてはまた近づいて臭いをかぎ、私の足の前から後ろへ、右から左へとまといつく。私のズボンに爪をかけて上を見上げるような姿勢をする子どももいる。

そんなアナグマの子どもを見ていると、**私はある誘惑に駆られた。**子どもを抱き上げてみたい。

根っからの動物好きである私がそう感じるのも無理はない。哺乳類の子どもの外観やしぐさはまた格別にかわいい。

もちろん、子どもとはいっても野生の動物である。そんなのろまな個体はいないだろう。それに、母親が、カヤの草むらの中で子どもたちを心配そうに見守っているに違いない。子どもが私に捕らえられたら、攻撃してくるかもしれない。

しかし、抱けなくてもせめて頭に触るくらいできたらと思いながら私は、ゆっくりと身をかがめていった。そんな私の動きを感じとったのか、子どもたちは、さっと私から離れていった。半分残念に思い、半分ほっとした。

数日後の講義の冒頭で、私は、学生たちにその夜の話をした。

二〇〇人以上の学生が受講しているが、皆興味深そうに聞いている。生態学の今日の講義内容のつかみとしてはなかなかいい。

アナグマの習性や、アナグマを前にした〝私自身の習性〟も交えてひととおり話をして、

「大学や住宅地のすぐ近くの林でも、われわれが気づいていないだけで、いろんな動物が日々いろんな出来事に出会いながら一生懸命生活しているわけです。さて、その生活は、生物の種によってさまざまで、各々の種に独自な約束事にしたがって行動しています。その約束事というのが前回まで適応戦略とよんでいた行動様式で……」

前回の講義内容にダブらせながら、その日の内容へと導いていく。

今日も決まった！

それから二、三日して、私の研究室に入ってきたWくんが開口一番、

「**先生、アナグマの子どもを捕まえようとして母親に襲われたらしいですね**」

と言った。部の後輩から聞いたという。

うむ、私の話のつかみから、インパクトの強い成分だけが取り出されて伝承されている。

私は、常々、狩猟採集民の言い伝えや神話に興味をもってきた。日本のアイヌの人びとやオーストラリアのアボリジニの人びと、カラハリ砂漠のクン族の人びと、そんな人たちの言い伝えの中にも動物をめぐる話はたくさん出てくる。

それらの言い伝えや神話の内容の解釈をめぐっては、人類学、心理学をはじめとして、さまざまな分野からの研究があるが、私は動物行動学の視点から次のような解釈をしている。まず、言い伝えの特性として主に以下の四点があげられる。

(1)言い伝えに登場する動物は、人間にとって大きな害を与えたり、食料になったりするような、要するに影響力が大きい動物である。

たとえば、アイヌの人びとの言い伝えでは、クマやヘビ、シカ、サケといった動物である。

(2)人間の〝生き死に〟に大きな影響を与えるような出来事が含まれることが多い。

たとえば、「……したので死んでしまった」とか「魔物のようなものが襲ってきた……」「命を投げ出して……」「道に迷って……」といった内容である。

(3)人以外の生物については擬人化して描くことが多い。

「(クマが)子どもを失って悲しんで……」、「(タヌキが)死んだふりをして逃げてやろうと思って……」「(キツネが)大変喜んでお礼に……を差し出した」といった具合である。

(4)一応、話の因果関係的なつながりはつけようとする。ただし、そのつながりは合理的ではない場合が多い。ちょうど夢の中で起こる出来事の内容のつながりに似ている。

(1)～(4)の内容がすべて含まれるような例を、アイヌの人びとの言い伝えの中から一つあげてみよう。

アイヌの人びとは、クマ狩りのときに捕らえた子グマを、村に連れてかえって大切に育てたという。そして、その子グマが成長するとキムンカムイ・オマンテ（キムンカ＝山の神＝熊、オマンテ＝送る）という儀式によって命を絶つ。（それは現実的には、貴重な動物蛋白を得るという意味と、それが山に帰って、人に危害を及ぼすのを避けるという機能があると思われる。）アイヌの人びとは、この行為の意味について次のような話を伝えてきた。

「子グマを飼育するのは、人間界のお客としてコタンの生活を見聞し体験してもらうためです。神である子グマの霊は人間界に肉や毛皮を置いて、代わりに人間からもらったお土産をたくさん背負い、神の世界へと戻っていきます。そして神々にそのお土産をふるまって、まだ人間界へ行ったことのない神たちに、人間界のおもしろさや神々を大事にするコタンの人びととのようすを話し、ほかの神たちが人間界を訪れる気持ちにさせてくれるのです。」

（計良光範著　一九九五年『アイヌの世界』より）

別の例として世界中で大ヒットした映画「ロード・オブ・ザ・リング」をあげることもでき

る。

ロード・オブ・ザ・リングは、ヨーロッパに広く伝えられている神話の典型をもとにつくられた話だと聞くが、

(1)人間の命を脅かす凶暴な動物やそれが姿を変えた魔物
(2)命をかけた行為・出来事
(3)動物や植物の擬人化
(4)全体を結びつける因果関係

といった、前述の特性がそここにちりばめられている。

ハーバード大学のエドワード・ウィルソンやミヒャエル・ヴィッツェルは、世界の神話は、共通の要素と構造をもっていることを説得力をもってのべている。彼らが指摘する要素は、私があげた要素と重なるものもあるし、重ならないものもあるが、いずれにしろ本質的には大きな違いはない。

それは、みな同じ視点から神話を分析しているからだと思う。その視点の一つは、「われわれホモ・サピエンスの脳は、**周囲の自然や社会の中で生きていくうえで有利になるような〃癖〃をもっており**、その脳が癖に影響されながら神話や言い伝えをつくり出したり記憶したりしてい

る」ということである。

たとえば、脳が、捕獲対象の動物や危険の高い動物に対して強い関心をもち、記憶しやすいという癖をもっていたとしたら、自然の中で生きるうえで有利であったろう。そして実際、われわれホモ・サピエンスは、そういう癖の脳をもっているのである。

また、脳が「……したので死んでしまった」とか「命を投げ出して……」「道に迷って……」といったことが自分の周囲で起きたとき、それがどのような状況で、どのような経過で起こったかについて強い関心をもち、よく記憶するという癖をもっていたとしたら、それは生存や繁殖にとって有利だったに違いない。

話の筋について、一つの因果関係的なつながりをつけようとする傾向については、やはり、脳の特性を反映した傾向だと考えられる。つまり、脳は、話の内容にかぎらず、視覚的な映像でも耳で聞いた音でも、その中に要素同士の秩序・つながりを見出して認識・理解しようとする。たとえば、視覚映像の場合だと、まず輪郭や色という基準でまとまりのある事物を区分けし、それら要素の配置を、対称性やバランスといった基準からの偏りの度合いで把握しようとする。

音の場合でも、高低や強度といった基準で単位音を認識し、それら要素のつながりを、和音、リズム、ハーモニーといった基準からの偏りによって把握しようとする。話の内容に関しても同様である。因果性という基準・秩序によって内容を把握しようとする。はっきり言えば、脳は完全に無秩序なものは把握も記憶もできないのである。前述のウィルソンは、神話も含めた芸術は、知性によって引き起こされた混乱に秩序を与える働きをしており、それが人間の生存に大きな利益を与えていると主張している。

私のアナグマの話にもどろう。

研究室に入ってきた学生が開口一番に言った、「先生、アナグマの子どもを捕まえようとして母親に襲われたらしいですね」という発言は、〝言い伝え〟と言ってもいいのではないかと思うのである。

危険な動物、危険を冒した行為、アナグマの親が子を思う気持ち――脳の癖に引っかかった要素が、一応の因果関係でつなげられてできあがった〝言い伝え〟である。

言い伝えはこのようにして、一部に対象についての真理を含みながら、脳の癖にフィットするように編曲され伝えられてきたのではないだろうか。

その後、私のアナグマ体験談は、学生の間でパタッと途絶えてしまった。母アナグマに襲われ血だらけになりながら生還する、といったくらいのインパクトが必要だったのだろうか。

大学林で弱って動けなくなっていた雄のニホンアナグマ

無人島に一人ぼっちで暮らす野生の雌ジカ

私はツコとよび、Kくんはメリーとよんだ

大学から一〇キロメートルほど西に、湖山池《こやま》という日本一大きな池がある。

鳥取県ではちょっと有名な場所である。私の研究フィールドの一つでもある。

池というが実際には直径が四キロメートルほどもある湖で、たまたま、〝池〟という呼び名がついたから「日本一大きな池」になったわけである。

なぜ池という名がついたのか？――私は密かに仮説を立てている。恥ずかしいので言いたくないのだが、少しだけ言いたい気もする。最初に名づけた人が、湖山湖だと、山本山みたいなので、湖山〝池〟にしたのではないだろうか。

さて、タイトルの〝一人ぼっちの野生の雌ジカ〟が暮らす島は、この湖山池の中に浮かぶ小さな無人

いざ、ボートで津生島をめざす

島である。津生島《つぶ》という。

長径約二〇〇メートル、短径一〇〇メートルのほんとうに小さな島であるが、この島には野生の雌のニホンジカが暮らしているのである。

湖山池周辺の住民の方も誰も知らなかったことで、二年ほど前に私が偶然に発見した。あるときA新聞の記者から取材を受けていて、たまたまシカの話をしたら、ぜひ記事にということになった。実際にかなり紙面を割いての記事になったのだが、いろいろな方から問いあわせがきた。

かなり意外な出来事だったわけである。

誰も知らなかったのである。

ツコ発見の秘話を今はじめてここに明かそう。

三月の天気のよい午後、学生のYくんと一緒にボートを漕いで、湖山池の北側の岸から津生島をめざした。日ごろから、対岸から島を見ていて、一度上陸して島の植物や動物を調べてみたいと思っていたからである。

一人では心細いので、豪腕でスポーツ万能のYくんを誘ったわけである。もちろん「**君にと**

って**勉強になるから。いいチャンスだよ**」と言って。

三〇分ほどかけてボートを漕ぎ、なんとか無事上陸してまず最初に出会った動物は、体長二メートルはあろうかという、かなり大きなヘビ（アオダイショウ）であった。（後で正確に測ってみたら一六二センチ、体重は六一四グラムもあった。）

島の地形がまだはっきりわからない状況での上陸であったので、とにかくボートをつけられる場所につけ、そこから急な斜面を登っていった。

そのとき、斜面の開けた草むらをヘビはゆっくりと移動していた。胴体もかなり太く、これを野外で見たら、誰でも息を飲むはずである。

はじめての上陸だったこともあり、なにか神聖な感じさえ受けた。

しかし、悲しいサガというかなんと言うか、次の瞬間、私の体は反射的に、神聖なヘビの捕獲に動いていた。

捕獲に成功した私を、Yくんが尊敬のまなざしで見ていた。（あわれみのまなざしだったという話もあるが。）

ゆっくり体を調べてみると、胴体の真ん中あたりに、肉食の哺乳類にでも噛まれたような傷のあとがあった。

なにやら波乱を感じさせるオープニングであった。

〝大陸〟の岸から五〇〇メートルほどの距離しかないのに、上陸して見る島の景観は独特であった。

一〇メートルほどの高さの、垂直に広がる岩壁から水滴がぽたぽたしたたり落ち、その下には、数種類の大きなシダやツタやコケ、南方の植物を感じさせる大きな葉のツワブキが繁茂している場所もあった。

ワクワクしながら島の上へ上へと登っていくと、頂上は平たい尾根のようになっていた。下草は少なく木がまばらに生えており、開けて歩きやすく、周りの水面が見渡せる実に快い場所だった。

尾根の片方の斜面にはタブやシラカシを中心とした常緑照葉樹の大木が、もう一方の斜面には、コナラやイヌシデを中心とした落葉樹の木が生えており、後者の植生はいわゆる「里山」の情景だった。その植生のコントラストにとても興味を覚えた。（そのコントラストの意味は、一年ほど後にわかってくるのであるが。）

五〇メートルほど続くその尾根を進み、尾根の端まで行き着いたときだった。**後方でなにか**

気配がした。振り返ると一頭のシカが、一〇メートルほど離れた木々の間からこちらを向いて立っていた。

すぐにシカだと思ったが、にわかには信じられなかった。きれいな雌のニホンジカだった。私の動作に反応したのだろうか。シカはその直後、身をひるがえして、尾根の上から斜面の木々の中へと消えていった。

それがツコとの最初の出会いだった。

Yくんに、「今のシカを見た?」と聞くと彼は全く気づいていなかった。「感性がまだ甘いな」と言おうと思ったが、帰りのボート漕ぎでお世話にならなければならないので思いとどまった。ぽかんとしているYくんに、手短にシカのことについてしゃべった。Yくんの顔が驚きの表情になった。

まだまだ散策を続けたかったが、そろそろ帰らなければならない時間になった。

来た道をもどりかけて、最後に発見したのはタヌキのため糞場(タヌキは、ある地域に生息する複数の個体が、ある決まった場所に糞をする)であった。糞の様子から見て、数日以内のものである。ため糞場の近くには、一部がかじられた魚の死体もあった。

この島にはタヌキもいるのか。

いったいこの島はどうなっているのだろう。

帰りのボートの上で波に揺られながら、自分の顔がほてっているのがわかった。いろいろな場面が思い出された。島を離れる前に仕掛けてきたネズミ捕獲用のトラップも、密かな楽しみであった。

次の日は、朝早く島に向かった。

Yくんも私も前日よりボートの漕ぎ方がうまくなっており、島の水際の地形も全体を把握できていたので、ゆとりをもって〝船旅〟を楽しめた。ボートに揺られながら、シカやタヌキのことが気になった。ただし、まずはトラップを調べなければならない。

ちなみに、水面ゼロメートルの目線からだんだんと近づいてくる島を見ていると、小さいころ白黒テレビで見た、「怪獣王子」という実写ドラマの一場面を思い出した。

誰にも知られていないある島（火山島）に恐竜が生き残っており、そこに一人の少年が、恐竜と一緒に生きていた。事故を起こした旅客機に乗っていた夫婦の子ども（赤ん坊）で、その島に流れ着いたのだった。おそらく恐竜に育てられたのだろう。小学校中学年くらいの歳になったその少年が、大きな雷竜のような恐竜の頭の上に乗って移動し、ブーメランを自由自在に操って食料をとっていた。

そのドラマの冒頭で、毎回、その火山島の全体が、水面から見たアングルで映るのであるが、その場面が、ちょうどわれわれがボートを漕ぎながら見る津生島の情景と似ていたのである。

数十年間全く思い出したことのない場面が、こんなときにふっとよみがえってくるとは……脳とは、人生とは、なかなか深遠なものなのだと思った。

上陸して、最初のトラップを調べて心が躍った。

何かが入っている！

箱型のトラップなので、蓋をあけないと入っている動物がわからない。いったい何が入っているのだろうか。蓋をあけてみて、これまで見たことがないような動物が入っていたとしても、その島なら納得できるような気がした。

しかし、入っていたのは私にはお馴染みのアカネズミであった。

やっぱりそうか。研究者としての私は七〇パーセント、いや八〇パーセントくらいの確率でそう予想していた。しかし、それはそれで実に面白い結果である。

アカネズミはいつごろこの島に渡ってきたのか。

島にどれくらいの数が生息しているのか。

対岸の〝大陸〟のアカネズミと比べてなにか違いがあるのか。

……いろいろな疑問がわいてきた。そういうことに思いをめぐらす瞬間はとても楽しい。

（ちなみに、その後の研究で、ミトコンドリアという細胞内の小器官の一つの遺伝子が〝大陸〟のアカネズミとは異なっており、なおかつ、津生島のアカネズミでは、その遺伝子の細部がほとんど同一であることがわかってきた。遺伝子の細部に違いがないということは、遺伝的な多様性がきわめて低いということである。さらに大学院生のＦくんと行った実験では、津生島のアカネズミは、〝大陸〟のアカネズミに比べ、跳躍力が低く、後足の幅が少し狭いこともわかってきた。）

その後、少し島を歩きまわった。前日に行けなかったところにも行ってみたところ、そこで小さな池を見つけた。

不思議な光景だった。

なにか得体のしれないものが網に入るようなスリルを感じながらたも網でさぐると、カスミサンショウウオの卵とアカハライモリの成体が捕獲された。〃得体のしれないもの〃ではなかったが、これにも驚いた。

こんな湖の中の小さな島に、カスミサンショウウオやアカハライモリが……。

さらに進んでいくと、その小さな池の近くで、一面のシダの原が、一部分だけ押さえつけられたような場所を見つけた。周囲二面が岩壁で囲まれ、少し窪地のようになっている場所である。

私は、ここはシカが休息する場所ではないかと直感した。注意深く調べると、その場所でシカ特有の糞も見つかった。さらに、その窪地から、地面が踏み固められたような道が、島の上方と下方へ伸びている。

シカの秘密を一つ知ったような気がした。

津生島の頂上付近にある小さな池

その日は帰り際にまた一つ、お土産があった。

暗闇が迫り、Ｙくんとボートに近づいたとき、後方の林の中で、バサバサッという大きな音がした。**恐怖心と好奇心がいっぺんにわき上がった。**

恐る恐る音の方向に分け入ってみると、転倒したような姿のカラスが羽をばたつかせてこちらをにらんでいた。足で立つことができなくなっている様子だった。

おりしも日本で鳥インフルエンザの被害がピークになりつつあり、野鳥への感染も取りざたされているころだった。実際、感染が確認された野鳥も西日本で見つかっていた。鳥取県でも、異常な野鳥に対する警戒を呼びかけるビラも配布されていた。

騒動になって時間をとられたら困るなという思いも頭をもたげたが、Ｙくんの手前もある。手袋をはめて注意しながら、自力では立てないカラスをボートに乗せ、保健所に連絡して手渡した。担当の方は、「検査結果がわかったら連絡します」と言われた。

一年以上たつが、音沙汰はない。真夏の世の夢である。

その後何度も津生島に通い、シカに会える日もあれば、会えない日もあった。

島に行く目的はいつの間にかアカネズミの調査になっていたが、島に上陸して林に入ったときは、シカのことがいつも頭に浮かんだ。

あるとき、島の斜面でトラップに入ったアカネズミの体重などを量っていた。すると頂上のほうからカサカサと、何かがこちらにやってくる音がした。シカかもしれないとゆっくり顔を上げると、ササ原の中から現れたのはタヌキであった。毛並みの立派なタヌキであった。

タヌキは地面の餌を探しながらいつも下ばかり向いて歩くので、前方の対象物に気づかないことが多い。そのときも、私のすぐ近くに来るまで私に気がつかなかった。私のすぐ前方で気がつき、私と目が合って、驚いて逃げていった。

その点、シカは違う。たいていはシカのほうが先に私を見つけている。草食動物の適応的な習性なのだろうか。絶えず、捕食者などに対する警戒をおこたらず、発見も早いのかもしれない。

アカネズミの調査で島に通っているうち、シカもだんだんと私に慣れてきたようだ。もちろん、慣れたといっても向こうから私に寄ってきたりはしない。しかし、四～五メートルほどの近さで私と出会っても驚いたそぶりはしない。私のほうをじっと見ている。やがて木々の中へと入っていくが、私が「べー」という雄ジカの鳴き声をすると、足を止めて振り返り、また私のほうをしばらく見つづけたりする。

あるとき、私が尾根にザックを置いて、アカネズミのトラップを調べに斜面を移動しもどってみると、シカがザックの中からヒマワリの種の袋を引っ張り出し、種を食べていた。私が近づくと、袋をくわえたまま逃げていった。こんなふうにしてまた一歩、私の匂いに慣れていくのだろうか。

こんなやりとりの中で、私はシカに名前をつけたくなってきた。**愛着がわくと個別の名前をつけたくなるというのは、外部世界、特に社会的な関係をしっかりと把握するための、人間万人に備わった脳の戦略だと思う**。子どもに名をつけるのは、脳のその特性の典型的な例だと思う。

ある帰りのボートの上で島を見ながら、ふと、「ツコ」という名前が浮かんできた。島の名前も関係していると思う。それからそのシカをツコと呼ぶことにした。

ツコはどうしてあんな小さな島にいるのだろうか。

湖岸の家々の人に聞いても、島の所有者である地区の区長さんに聞いてもわからない。そもそも、島にシカがいること自体誰も知らなかった。

ニホンジカの雌は、本来、群れをつくって暮らす動物なのに、なぜツコは一頭で島に暮らしつづけるのだろうか。

いろいろな話を総合すると、ツコが人間によって島に運ばれた可能性はまずない。だとしたら自分で泳いで島に渡ったのだろう。

一般に、シカは泳ぎがうまいことが知られている。たとえば、瀬戸内海にあるという島では、繁殖期には雄ジカが数キロメートル離れた本土から海を泳いで渡ってくるという。ツコが湖岸から数百メートルの津生島に泳いでくることは十分可能だ。

しかし、そうであれば逆に数百メートル泳いで、島から〝大陸〟へともどることも可能なはずである。

それでもツコは一人で島に暮らしつづけている。

どんな思いでいるのだろうか。

寂しくはないのだろうか。

過去になにか悲しい出来事でもあったのだろうか。

二〇〇四年、三月だというのに鳥取市内に大雪が降った。雪の中だと動物たちの足跡がよくわかる。チャンスだ、島へ行こう、と思い立った。しかし、いつもの湖岸にやってくると、あいにくその日は波も高くボートを出すには危険だった。湖岸に立ち、木々の枝に雪がつもって全体が白くなった島をしばらく見つめた。

ツコはこの寒い雪の中、今どうやって過ごしているのだろうか。それもたった一頭で。人生を感じさせるシカである。

＊　＊　＊

それから約一年後、私のゼミで卒業論文を書くことになったKくんは、研究テーマを「ニホンジカの採食が小島の植生に及ぼす影響」にした。ツコと津生島のことである。

あまり他人には侵入してほしくない領域ではあったが、Kくんの真面目な熱心さに接して、まーいいか、と思った。

Kくんは、野生大型哺乳類の研究が小さいころからの夢だったという。私がツコのことを話すと目を輝かせて、ぜひやりたいと言った。最近珍しい学生だと思った。

言葉どおり、Ｋくんはすぐボートや必要機材を用意し、大した行動力で津生島に通いはじめた。最初の数回は私も同行したが、その後すぐに独り立ちした。

彼は、私以上にツコとふれあいをもち、ツコのほうも、四、五メートル離れていればほとんど彼を気にしなくなったという。すでに私にかなり慣れていたとはいえ、Ｋくんがかなりな努力をしたことを私は容易に想像できた。夜も島に泊まっていた。

Ｋくんの調査で、シカが採食しながら移動するルートや、島の中で食べる植物もだんだんとわかってきた。

それらの結果と島の植生調査の結果を総合すると、私がはじめてＹくんと島に上陸したとき目にとまった「尾根両側の植生のコントラスト」の意味がわかったような気がした。「尾根の片方の斜面にはタブやシラカシを中心とした常緑照葉樹の大木が、もう一方の斜面には、コナラやイヌシデを中心とした落葉樹の木が生えていた」理由が、である。

自然の流れから言えば、津生島の気候の下では、林は、コナラやイヌシデなどの落葉樹の林にとどまることはなく、時間をかけてタブやシラカシなどの常緑照葉樹に変化すると考えられている。

これを植生の「遷移《せんい》」と言い、遷移の最終段階の植生は、地方ごとの気候条件によって異なることが知られている。津生島の片側斜面の林では、まさにそれが起こっているのである。一方、Kくんの調査によれば、その片側斜面は傾斜が急で、ツコはそちらを避け、もう一方の斜面を中心に移動して採食するという。

したがって、後者の斜面では、ツコが採食することによって、〝自然の流れ〟による植生の遷移が中断され、コナラやイヌシデなどの落葉樹の林の状態に押しとどめられているのではないかと考えられるのである。

ちなみに、自然の遷移と伝統的な人間活動の重なりがつくり出してきた林は「里山」とよばれ、人と自然の持続可能な共存のモデルと考えられている。通常、里山には風や光がほどよく入りこみ、植物の種類も、動物の種類も豊富である。

Kくんの調査結果は、ツコがよく採食する側の斜面の植生（落葉樹林）のほうが、もう片側の斜面の植生（常緑照葉樹）より植物の種数は多いことを示している。

つまり、ツコは採食によって、生物層豊かな里山を維持しているという言い方ができるかもしれない。

Kくんがシカに愛着をもっていることは確かである。かわいい、かわいいとよく口にしている。ビデオまで撮っている。

Kくんは、自分だけのよび名を密かにつけている。

その名は「メリー」である。

最初にその名を聞いたとき、正直、私は目まいがした。

なにやら、小さな島で、孤高に生きているツコのイメージが木っ端微塵になるではないか。

何がメリーだ。小さなきれいな島で、タヌキさんやアカネズミさんと、いつまでも楽しく暮らしました、ということになってしまうではないか。

まーでも、そのほうが私の心も休まるか。私もこれからはメリーとよぶことにしようか。

垣内正輝くんが撮った津生島のシカ

何の足跡かな？ （答えは184ページ）

ヒミズを食べたヘビが、体に穴をあけて死んでいたのはなぜか

因果関係を把握したいという欲求

ある初夏の午後、講義が終わってしばしの自由時間を手に入れた私は、大学林にモリアオガエルの卵を見に出かけた。

研究室から歩いて五分程度の場所である。

そのモリアオガエルの卵は、林の小さな池のほとりに生えているコナラの枝に産みつけられていた。

その池は、林の表情を豊かにしようと思って私が学生と一緒につくったものであるが、それから一年後、モリアオガエルがどこからともなくやってきて、卵を産んでくれた。われわれのつくった池が、林のメンバーに、一員として認められたような気がしてうれしかった。

モリアオガエルは一風変わったカエルである。

水場に張り出した枝などに産卵し、粘液性の泡で、ソフトボールのような白くて丸い卵塊をつくり、その中に卵を産みつける。卵塊の表面は乾いて内部の水分を外に逃がさない。中では、卵がオタマジャクシになるべく成長を続ける。やがて雨が降って、卵塊の表面がとろけるようになると、オタマジャクシが次々と卵塊から脱出し、下に落ちると、落ちた先には水場がある

——というわけである。

近年、個体数の減少が危惧されているカエルの一種でもある。

「あの卵、どうなっているかな、そろそろ卵塊がゆるんできたかな」などと思いながら、私はいそいそと林の池に向かうのである。

その〝**意外な出来事**〟と出会ったのは、卵塊を確認して、道草をくいながら研究室に帰る途中だった。

卵塊は全体の形が大分崩れていた。「もう一回雨が降ればオタマジャクシが池に落ちてくるかもしれないな」などと思いながら、来た道とは別の道をゆっくり歩いていると、数メートル先の地面に、明るい茶色の紐のようなものが見えた。

それがヘビだということはすぐにわかった。しかし動く様子はない。死んでいるのかと思って近寄ってみて驚いた。

それはジムグリというヘビだったのだが、**体の中央部が大きくふくれており**、さらに**そのふくれた部分の皮に数個の穴があいていたのである**。**そして**、**その穴の一つからは**、**哺乳類の背中の体毛のようなものがのぞいていた**。また少し大きな穴からはヒミズに特有な鼻の一部が見えた。

　ジムグリというのは、アオダイショウやシマヘビ、ヤマカカシなどに比べると、出会う機会が少ないヘビである。背面は明るい茶色で黒い小さな斑点が縞模様のように入っている。腹面は、薄黄色のベースに角ばった黒の点がちりばめられた、チェックのような模様になっている。

　一方、ヒミズというのは、モグラの仲間で、一見ネズミに似ているが、ネズミとは別の種類の哺乳類である。

　分類学的には、ネズミは齧歯目《げっしもく》に、ヒミズやモグラは食虫目《しょくちゅうもく》に属する。

　ヒミズは北海道をのぞく日本全土に生息するが、哺乳類の中では最も小さい部

ヒミズを食べたまま死んでいたジムグリとジムグリの腹に入っていたヒミズ（右下）。まだほとんど消化されていない

類に入り、かつ、林の枯れ葉の下やモグラやネズミの穴の中を移動することが多いため、野外で出会うことはきわめてまれである。（ただし、それは一般的な話で、私は偶然見つけたヒミズを、素手で捕まえたことが二度ある。）

さて、問題は、そこで一体どんな事件が起こったのか、である。

ジムグリが、その場所で、あるいはその場所の近くでヒミズを襲って飲みこんだのだろう。それは確かだ。そしてその後、何が起こったのだろう？

なぜジムグリは死んだのだろう？

ジムグリの体にはなぜ穴があいていたのだろう？

少し話はずれるが、こんなとき私は、人間という動物はつくづく、「**因果関係を把握しよう**」という強い欲求をもった動物だなあと、改めて感じる。

私の脳は、私の意思とは無関係に、ジムグリの死亡事件の因果関係を求めて作動している。

ジムグリの謎にかぎらず、たとえば、山を歩いていて突然、上から木の枝が落ちてきたら、無意識のうちに、なぜ落ちてきたのか考えてしまう。

道の脇の木の根元に大きな穴があいていたら、それはなぜあいたのか、誰が掘ったのか考えてしまう。

人間とは、そういう性質をもった動物なのである。

そしてその特性が、伝説や神話や宗教の発生や内容に影響を与えていることも確かだろう。考えてみれば、伝説や神話や宗教はすべて、世の中で起こる出来事について、その解釈の仕方はいろいろだが、とにかく因果的な説明を与えている。

私の脳が、〝意外な出来事〟、それも、私が大好きな野生動物たちをめぐる〝意外な出来事〟に出会い、がぜん張り切ってひねり出した因果関係は、次のようなものであった。

ヒミズを飲みこんだジムグリが死んでいた近くにタヌキ道があった。

タヌキ道とは、タヌキが山を移動するときに利用する道である。いつも決まった道を歩くので、その部分が少しへこみ、枯れ葉など外にはねとばされて土がむき出しになっている。さらに、タヌキ道をたどっていくと〝ため糞場〟とよばれる、その地域のタヌキが共同で使う〝トイレ〟に出会う。

一方、ジムグリの体の穴は、哺乳類の食肉目《しょくにくもく》が噛んだあとと考えるのが妥当だろう。（後で、ジムグリの体からヒミズを取り出して調べてみたら、ヒミズの体にも二、三、穴のような傷があった。)

ということは、タヌキ道の近くで、ヒミズを襲って飲みこんだジムグリを、今度は、そこへ通りかかったタヌキが襲ったということになる。(うむ、悪くない想像だ。)

ではなぜ、タヌキは、ジムグリを食べることなく放り出したのだろうか。

それは、それは、……………。

それは、つまり、タヌキが、ジムグリかヒミズの味を嫌がったからではないか。

とにかく動くものを見つけて何度か噛みついてみたが、まずかったので、吐き出したのではないか。

私はシマリスのヘビに対する防衛行動を調べているが、その研究に関連して、イヌのそばにヘビを置いて反応を調べたことがある。

そばに置いたのは生きたヘビであったが、イヌの反応は個体によってさまざまであり、ヘビのニオイを嗅いですぐに逃げるイヌもいれば、噛みつこうとしてヘビの隙をうかがうイヌもいた。(ちなみにタヌキは、ああ見えても、食肉目イヌ科に属する、立派なイヌの仲間である。)

ジムグリに出会ったタヌキが、何度か噛みついた後、攻撃をやめて立ち去ったことも十分に考えられる。

ジムグリやヒミズの味はタヌキにとってほんとうにまずいのかって?……………残念だが、紙面の関係で私の推理はこの辺にしておこう。

学生たちとつくった池に生きものたちがやってきた

上段右はモリアオガエル。中段中と下段右の写真の池の縁にある白いものはモリアオガエルの卵塊。下段左は池に産卵しているオニヤンマ

化石に棲むアリ

机の上の生態系小宇宙にひかれるわけ

学生たちと池で水生動物を採集するために、大学の森を歩いていた。あるとき、先を行く学生のMくんが、しゃがみこんで何かを見ていた。

「先生、これ木の化石じゃないですか？」

Mくんが言う。

化石？　そんなところに？

Mくんがのぞきこむ石に近寄って見てみると、確かに化石である。

縦・横・高さがそれぞれ二〇センチメートルほどの立方体の石の表面に、直径二センチメートルほどの木の枝のような構造物が埋めこまれるようにしてくっついている。もちろん枝自体も石である。さらに、石の上面には、枝の断面と思われる丸い模様が鮮やかに見えている。よく見ると丸い模様の断面には、樹皮のような外側の円形の構造と、その内側の髄《ずい》のような構造がはっきり見てとれる。

これは間違いない。Mくんが言うように、木の化石、正確に言えば、木の化石を含んだ石だ。

皆でひととおり観察した後、私の研究室に持ちかえることにした。

植物であれ動物であれ、化石を眺めながら太古の生物の営みに思いをはせるのは快いものである。当分は、研究室の目立つところに置いておきたかった。いろいろ考えた末、部屋の真ん中の白い机の上に置くことにした。

その事件が起こったのは、化石を研究室に置いた翌朝のことであった。

部屋に入ってみると白い机の上でたくさんの黒い点が動いているではないか。すぐに、これはアリだな、と思った。

正確な種類はわからない。私が知っているアリの中ではかなり小さい部類に入り、少し茶色味がかった黒色をしている（後でアメイロアリの一種であることがわかった）。

最初は、部屋の外から何かにひかれて入ってきたものだろうと思った。机の上には、少なくとも目に見える範囲ではアリの餌になるようなものはなかったが、私の感覚では認知できない何かがあるのだろうと思った。

ところが、よく観察してみると、そのアリたちはどうも木の化石から出てきている。石の上にもアリが這っている。しかし、石のどこから出てきているのかはわからない。

うむ、これはいい。

どこかわからないがきっと、この石の中に巣があるに違いない。

これはいい。

化石のロマンが、また別な形で広がった。

夕方になると、アリたちは皆、石の中に入っていき、朝になるとまた出てきた。

こうなると私はがぜんアリたちがかわいくなる。

彼らはこの空間で全生活を営んでいるんだ。喉が渇いてはいけない。腹がへったらかわいそうだ。シャーレに水を入れて、石から少し離れた場所に置いておく。別のシャーレにはクッキーの断片や蝶のはねを入れておく。

石からシャーレを少し離しておいたのにはそれなりの意味がある。近すぎるとアリたちが運動不足になる可能性があるからだ。ある程度運動もしないと体を壊すかもしれない。

ちなみに、これは単なる擬人的な親心だけではない。巣を出て、餌を求めて歩き回るというアリ本来の生態を机の上の空間で実現させたかったからである。俗っぽく言うと、**机の上の少し広い空間を、アリたちの生態系小宇宙にしたかったのである。**

木の化石を真ん中に置いた机上の空間の中で、アリたちは全生活を遂行していくのである。それは面白い。ロマンがある。それが、研究室の中で静かに展開している。

少し気になることがあった。研究室に入ってきた人がこれを見てなんと思うだろうか？部屋の中の机の上にごつごつとした褐色の石が置いてあり、少し離れたところにシャーレが置いてあり、一方のシャーレには水、もう一方のシャーレにはお菓子や昆虫の断片が入れてある。机の表面には小さい黒いものが動いている。**何も知らない人が見たら大変奇妙に思うに違いない。**

私にだってそれくらいのことは想像できる。

だから、部屋に入ってきた人にはできるだけ、机の上のものがなぜそこに置かれているのか、それはなんなのか、わかりやすく説明するようにした。

それぞれ違った表情で私の話を聞いていた。中には、ホーと感心してアリを見つめる人もいた。（立派な人たちだ。）そうではない人もいた。

一カ月ほどたったある日、部屋に入ると、水を入れていたシャーレが完全に乾いていた。あわてて中に水を注いだ。そのとき水滴がぽたっとシャーレの周りに落ちた。するとその近くにいたアリたちが、すぐにその水滴のそばに寄ってきて水滴の表面に口をつけた。

やがて、化石の石の中からもアリが出てきて、水滴に口をつけて並んだ。白い机の上に、透明の中心と黒くて細い花弁の花が咲いた。その花弁は水滴に口をつけたまま微動だにしない。アリたちはよほど喉が渇いていたのだろう。

ところで、**なぜ私は、こんな対象に並々ならない興味を感じ**、**快い気持ちで見入るのだろうか**。命をもって自立的に生活するアリたちと、そして彼らを取り巻く巣や餌や水などが織りなす生態系小宇宙がなぜこんなに私をひきつけるのだろうか。

現代の知の巨人とよばれるアメリカの生物学者ウィルソンは、著書『バイオフィリア――人間と生物の絆』（狩野秀之訳　一九九四年　平凡社）の中で次のような文章を書いている。

ヒトの脳は、ホモ・ハビリスの時代から石器時代後期のホモ・サピエンスに至る約二〇〇万年のあいだに、現在のかたちに進化してきた。その間、人々は狩猟採集民として群れをつくり、まわりの自然環境と密接な関係を保って暮らしていた。そのなかでは、蛇は重要な存在だった。いや、水の匂い、ハチの羽音、植物の茎がどちらの方向に曲がっているかさえ重要だった。その時代には、「ナチュラリストの恍惚」は適応的な価値を持っていた。草のなかに隠れている小動物を見つけられるかどうかで、その晩の食事にありつけるか、腹を空かせたままでいなくてはならないかが決まるのである。未知の怪物や這い寄ってくる生き物を前にしたとき覚える恐怖の感覚、背筋がぞくぞくするような魅惑は、人々を明日の朝まで無事に過ごさせてくれたことだろう。そうした感覚は、現在の不毛な都会のただなかに住むわれわれでさえ感じることができる。

数百万年もの間、狩猟採集を続けてきたわれわれ**人類の脳は、その生活に適応して、生物の習性に特に興味を感じるような構造に組み立てられているというわけである。**そういう〝癖〟の脳を備えた祖先がより多く生き残り、数百万年の間に数を増していった。そして現在のわれわれにつながっているというわけである。

もちろん、われわれの脳には、そのような癖以外にもさまざまな適応的な癖が備わっている。そして、どの癖が特に強く活性化されるかは、人によって違うだろう。

たとえば、これも狩猟採集生活の中で重要だったと考えられる、道具の創作や操作といった無生物的な対象への関心が強く活性化された人は、今日、アリではなく機械類に強くひかれるかもしれない。

他人の行動や心理の理解への関心にかかわる癖が強く活性化された人は、他人と接して社会的にやりとりすることに大きな楽しみを感じるかもしれない。

私は、道具を作ったり操作することも好きだし、親しい人たちと接するのも好きである。しかし、それ以上に野生動物の習性にじかに接することが好きである。

アリが巣から出て周囲を探索する様子、アリが机の上の水滴を飲む様子、アリが仲間同士で触覚をふれあわせる様子など、見ていてワクワクするし、これまで見たこともないような行動に出くわしたときなど、〝背中がぞくぞくするような〟感覚を覚えることがある。ウィルソンのいう〝**ナチュラリストの恍惚**〟に近いものである。

ウィルソンは、このような、生物に対する感情を総称して「バイオフィリア」とよんだ。

そして、バイオフィリアという脳の癖は、生物そのもの以外に、生物同士の相互作用や生物と無生物（水や土など）との相互作用、いわゆる生態系という言葉で表現される対象に対しても作動すると予想している。

私が感じた、机上の石や水や餌とアリがつくり出す小宇宙がまさにそれなのだろう。石が単なる石ではなく、植物の化石であるところも、その小宇宙に生命の時間軸を加え、バイオフィリアをより豊かに活性化するような効果を発揮しているような気がする。

生態系の小宇宙を楽しんでいた私であったが、実は一つ重要な答えを長い間見つけられないでいた。

それは、化石の表面にあるに違いないアリの巣穴の出入り口である。

何度かアリが入るところを確認してやろうと目を凝らして見つめていたのだが、なかなか見つからなかった。どうも机に接した石の裏面のどこかにあるらしかった。

私が学生のころ、名前は忘れてしまったが、ある日本の発生生物学の研究者が、ある本で次のようなことを書かれていた。

「**生物現象の解明は、いくら力でこじ開けようとしても無理である。気にしていないそぶりでいつも気にかけていることが大切である。そのうち生物も気を緩めて、ぽろっと秘密を見せてくれることがある。**」

ある日の昼前、何気なく石に目をやったとき、化石植物の表皮と髄の間から、二匹のアリがちょうど出てくるのを発見した。石の裏面と側面が接する角のようなところである。これでは出入り口が見つからないのも無理はない。

出てきたアリたちはすぐ裏面を伝って机に降り、母石を離れて大海原に旅立っていった。

そうか、ここだったのか！　ここにあったのか。

そして君たちは、樹の枝の化石の中に居を構えているのか。（この中にコロニーがあり、女王アリもいるのだろう。）

私のバイオフィリアは一瞬、深く満たされた。

研究室の机の上に生態系の小宇宙ができてから半年ほど過ぎたある日、アリたちは死に絶えた。

理由は聞かないでほしい。

アリが棲んでいた“樹の枝の化石”

動物を“仲間”と感じる瞬間

擬人化という認知様式

元日の翌日、研究室で正月を越させたシマリスやアカネズミ、コナラやクヌギの世話をするため大学に行った。

昼を大分過ぎてひととおりの仕事を終え、帰宅すべく駐車場に向かっていたとき、ふと、ヤギの「ヤギコ」のことを思い出した。

「ヤギコ」というのは、私が顧問をしているヤギ部というサークルで飼育されているヤギの名前である。彼女も正月を大学で過ごしたわけだ。

ヤギの小屋へ近づくと、小屋の戸は閉まっていた。今日は部員が早目にヤギを中にしまったのかと思いつつ、さらに近づくと、中でヤギコが床と壁を足でたたいてメーと鳴いた。戸が閉まっているとき私が近づくと、いつもこうやって感情を表す。

小屋のそばのスダジイを一枝取って上の戸を開けてやると、下の戸に足を掛けて、ぬっと顔を出してくる。

「よっ」と挨拶をしてスダジイを差し出すと、すぐ食べはじめる。

年明けだからあたりに人影はなく、しーんとしている。ときおり、林のほうから鳥の鳴き声と飛び立つ音が聞こえる。

なんとなく、正月に一人で過ごしているヤギコがかわいそうになって思わず「林の中を歩かせてやるわ」と声をかけた。

戸を開けて、首輪をひいて林の中の小道まで連れていくと、後はもう自分から私についてくる。ときおり、好きな植物を見つけると立ち止まって、文字どおり道草をくう。

一月にしては暖かいのどかな午後だ。思いきって一キロメートルほど先にある小さな池まで行くことにした。

スギと冬イチゴの林を抜け、ミカンとウメの畑を通り、ヒノキの斜面を降り、ササの原を少し歩くと、長径一〇〇メートルほどの池に出る。正月といっても特にいつもの様子と変わりはない。

ヤギコは池のほとりのササやシダの葉を食べている。そんなヤギコや、水辺の生物を観察しながら、静かに時間が過ぎていく。

さて、帰ろうかと思ったころ、雪が降りはじめた。鳥取は突然天気が変わりやすい。一日の中で、晴天と雪と強風と雷が次々と展開することもある。今回は、それまでの晴天と打って変わって、水分をたっぷり含んだ、ふわっとした雪だ。

気がつけば空はずいぶんと暗くなっている。ヤギコに声をかけて急いで帰りはじめる。ヒノキの林に入ると、いよいよ中はうっそうとして暗い。倒木などを越えながら斜面を登っていると、なにやら妙に心細くなる。

私は元来、幽霊やお化けの類に大変弱い。人気のない暗いところに一人でいると、これまでテレビなどで見た幽霊などの怖い場面が頭に浮かんできてしまう。

これからこの暗い山の中を、かなり長い道のりを歩いて大学まで帰らなければならないのかと思うと、額に油汗がにじむような感じがした。

そのときである。後方でメーという鳴き声がした。

振り返ると、ヤギコがヒノキの倒木の手前で立ち往生している。

ヤギの足や体は、岩場を歩くのにはよくできているのだが、ハードルを越えるような行動には向いていないのだ。

不安そうにこちらを向いて、それでもなんとか倒木を越えようとしている。

その瞬間、私が感じていた暗闇の中での怖さがすーっと消えていった。

私のことを好意的に認知し、私のほうへ来ようとしている**大型の動物の存在が、なにか仲間**

のようなぬくもりをもって感じられたからである。

そんな体験は、イヌやネコといったペットを飼っている人にとっては日常的なものかもしれない。

しかし、そのときの私の体験は特に強烈で、ヤギがほんとうに親しい知人のように感じられてうれしい反面、なにか不思議な気持ちになった。

これとよく似た体験で、忘れられない思い出がある。

岡山県のある山の中腹につくられた餌場でニホンザルの行動を調べていたときのことである。夕闇が迫ってくると、サルたちは、餌場から背後の山へと移動をはじめる。それを見ていて私も彼らについていきたい衝動に駆られた。

サルたちは、何回も通ってくる私のことをある程度は覚えていたと思う。だから私が彼らに近づいてもそれほどには警戒しなかったのだと思う。山に帰っていく彼らに、一〇メートルほど後方からついていった。

餌場のすぐ後ろは杉林で、中に入ると暗闇はいっそう深くなった。サルたちは黙々と杉林の斜面を移動していく。

やがてサルたちが独特の声を出しはじめた。ホーッ、ホーッという鳴き声である。互いに声でよびかけるようにしながら、声を交わしながら、上へ上へと移動していく。後方のサルがよびかけ、前方のサルが答えるといった感じである。おそらく後方のサルたちがはぐれないように、声を掛けあっているのだと思った。

へー面白いなーと思いながらノートに記録していたが、ふと、私も〝鳴いて〟みたくなった。サルたちが驚いて走り出すかもしれないと思ったが、どうしても鳴いてみたくなり、ホーッと、できるだけ彼らの声に似せた声で鳴いてみた。するとなんと、**群れの前方を行く数匹のサルが、私の声に答えてくれたのである**。

ホーッ。

私は半信半疑でもう一回、鳴いてみた。するとまた鳴き返してくれた。

ホーッ。ホーッ。ホーッ。ホーッ。

そういうやりとりが、闇が深くなった林の中で何度か続いた。先頭付近のサルたちは嫌がるそぶり一つせず、辛抱強く私に答えてくれた。

気がつくと、私は、群れの一員のような気分になっていた。私は一人ではないんだ。みんなと助けあって宿泊場所まで移動しているんだ。みんながんばれよ。そういった気分である。

その瞬間も、なにかとても不思議な気持ちになった。

こんなことを書いていると、次から次へと、似たような体験が思い出されてきた。もうわかったと言われそうだが、もう一つだけ、お話しさせていただきたい。

学生のころ、大学のある場所で、巣から落ちてよろよろと歩いていたドバトを保護したことがある。まだ、幼鳥特有の綿毛のような羽毛が残っているハトで、ほうっておくと確実に死ぬか、ネコなどに襲われただろう。

アパートに連れかえり、玄関の靴を脱ぐ土間のところに新聞紙を敷いてハトを放した。自分で暮らせるようになるまで餌を与えて飼うつもりだった。

最初は自分からは餌を食べなかったが、嘴《くちばし》をあけて餌を詰めこんでやると少しずつ自分から食べるようになった。それとともにだんだん元気になっていき、時々、羽をばたつかせ、飛翔の練習をしていた。その瞬間は、床の埃が舞い上がって大変だったが、我慢がまんである。その代わりといっては何だが、飼っているとハトのいろいろな特性を観察することができた。

私の部屋の中には、その新参者のハトを遠巻きに観察するもう一匹の動物がいた。部屋の中で放し飼いにされていた雄のシベリアシマリスである。

彼のほうは私の部屋で暮らしはじめて、もう二年近くになっていた。部屋の中のいろいろな仕組みを知りつくしており、たとえば私が帰宅して机につくとすぐに、私の肩や机の上に移動してきて、食べ物をもらう準備をした。

あるとき、私が、カーペットを敷いたフロアーから、四つんばいになって土間のハトをのぞきこんでいた。

ふと、左側に動物の気配を感じた。

「何?」

と思ってそちらのほうを向くと、なんとシマリスもハトのほうをのぞきこんでいるではないか。

そして、次の瞬間、私のほうへ顔を向けたのである。

そのとき私とシマリスとは、〝目が合った〟。

あれを目が合ったと言わずなんと言うのだろうか。私は挨拶しそうになった。

ヤギやニホンザルやシマリスが知人のように感じられる感覚には、一般に、**擬人化とよばれる認知様式が関係している**。つまり、動物を、人間と同様な心をもつ存在として感じ、彼らの習性を理解しようとする認知様式である。

これまで、擬人化と言うと、幼児や原始的な社会の人びとが行う未成熟な思考だと考えられてきた。しかし最近の研究は、**擬人化が原始的でも未成熟なものでもなく、人間にとって根源的で重要な思考形態であることを示しつつある。**

たとえば、人類本来の様式である狩猟採集生活を営む人びとを研究した多くの人類学者は、擬人化が彼らの狩猟採集の成功に大きく貢献していることを示している。

そういった研究者の中の一人S・ミズンは、擬人化が、動物の行動を予想するうえで、現代科学の生態学の知識に匹敵するほどの力を発揮すると述べている。

ヤギがヒノキの倒木の手前で立ち往生しているのを見て、「ヤギは四肢の構造が岩場の移動に適応していて、倒木の越え方がわからず困って立ち往生しているのだな」と擬人化したり、ニホンザルが夕闇の中、声を出しあいながら群れで移動している様子を体験して、「薄暗い中では皆、外敵のことなどを心配して怖いから、高い声で、大丈夫か？と声を掛けあいながら、互いに気づかって移動しているのだな」と擬人化すると、それぞれの動物種の習性が頭に印象深く入り、記憶にも残りやすいというわけである。

ちなみに、このような擬人化は、対象が動物にかぎられているわけではなく、植物についても同じである。たとえば子どもに対するように、その気持ちを想定して植物を育てる人は、種類によって異なる植物の習性をよく理解・記憶し、育て方も上手な場合が多い。

ヤギコと私の正月小池遠征のその後であるが、ヤギコの前に立ちはだかる倒木を移動させ、雪が降る中を歩きつづけ、やっと二人で大学のヤギ小屋までたどり着いた。

一人にするのがかわいそうであったが、ヤギコを小屋に入れて、首に手をまわして頭をなでてやった。

さようならの挨拶のつもりである。

イヌならばこのスキンシップが通じただろうが、ヤギのヤギコは嫌がった。ヤギという動物の脳には、体を強くふれあわせるような挨拶行動のプログラムは備わっていないのである。**それぞれの種の習性を考慮しない擬人化は、確かに深みに欠けている。**彼らの習性に合致した挨拶をすべきだった。

ただ、一言、「またね」あるいは「メー」でよかったのだ。

カキの種をまくタヌキの話

植物を遺伝的劣化から救う動物たち

大学の南側には、コナラやスダジイ、ヤマモモなどが生えた斜面があり、その斜面を下ったところに道路が走っている。その道路では、残念なことに毎年、車にはねられて死んだり動けなくなったりしているタヌキが見られる。

そういうタヌキを見つけたときは、死んでいたら近くの山や土手に穴を掘って埋めたり、まだ生きていて回復の見こみがあるときは、大学の近くの動物病院に運んで治療してもらったりしている。

ある春の晴れた日の夕方、当時私の研究室の主であったYくんが、その道路でタヌキがはねられ、道路の中央で動けなくなっているという情報を持ってきた。知り合いの女の子が発見してYくんに知らせてきたという。

これは大変だ。

これからどんどん暗くなる。早くしないとまた車にはねられる。

仕事を中断してYくんと現場に急行した。

そのタヌキは確かに道の中央にうずくまっていた。われわれが近づいてもほとんど体を動かすことなく、うつろな目だけがゆっくりとわれわれの動きを追っていた。意識がはっきりしていないのかもしれない。

思いきって、用意してきた大きな網を上からかぶせた。特に抵抗する様子もない。そのまま網にくるむようにして抱きかかえ、道路の脇に止めておいた車に運びこんだ。Yくんに運転してもらい、私が膝の上にタヌキを乗せた。タヌキ独特の臭いが鼻をついた。

治療すれば助かるかもしれない。動物病院に電話して直行した。

診察の結果、幸いにも、後ろ足の付け根の骨が損傷してはいるが手術はせず、そのまま回復を待つことになった。

タヌキは病院でコバキチという名をもらっていた。私の名前（コバヤシ）をもじって院長さんが命名されたそうで、名前からもわかるようにタヌキは雄だった。

コバキチは三、四日で退院できた。大学に連れかえり、首輪と紐をつけ、大学の〝ごみステーション〟（一辺二メートルほどのコンクリートの建物で、もともと屋内で出たゴミを一時的に保管しておくためにつくられたが、ごみの量が思ったより少なく中はいつも空であった）で、しばらく飼うことにした。院長さんの診断によれば、足の状態や体力が程々に回復するまで一週間程度はかかるでしょうということだった。

私にとっては世話をしなければならない動物がまた一匹増えたわけだが、むしろ気持ちはウキウキしていた。毎日タヌキの姿を見ることができるからである。

翌日からコバキチが喜びそうな餌（鶏肉、魚、ウィンナーソーセージ、油揚げ、アンパン、ミミズ、ドッグフードなど）をごみステーションに運んだ。袋になにかを入れて、うれしそうにごみステーションに入っていく私を目撃した学生は、はたしてなんと思っただろうか。

もちろん野生哺乳類の世話にはいろいろな苦労がある。

たとえば、糞や尿の掃除である。

野生の肉食哺乳類の糞は草食動物の糞に比べかなり臭い。表面も草食動物の糞よりやわらかく、餌の食べ

大学に連れてかえられたコバキチ

残しと混ざっていっそう臭くなる。

余談になるが、**「臭い」というのは、あくまでわれわれの脳がつくり出した感覚にすぎない。**たとえば糞を餌にする糞虫にとってはそれは「臭い」ことはない。

ではなぜわれわれの脳は、糞から発散する物質を鼻の感覚器で受けとると「臭い」という感覚を生み出すのであろうか。

それは、**「臭い」という感覚が生じることが、われわれの生存に有利だからである。**というのは、糞の中には、われわれが吸収すると病気になるような病原菌がたくさん含まれているからである。だから、糞からわれわれを遠ざけるような感覚を生み出すことが得策なのである。

体内の水分が不足すると「のどが渇いた」という感覚が発生し、それによってわれわれは水を飲もうとする行為に移るのと同じことである。

そんなことを考えながら、糞尿の掃除をすると、臭さがそれほど不快ではなくなる。一度、試していただきたい。

さて、コバキチに餌を与えはじめて三日ほど経過したある日、私の人間行動学の講義で、学生から、認知失調症の徘徊老人について質問を受けた。

講義終了後に全員に感想と質問を用紙に書いて提出してもらっている。二〇〇人を超す学生が書いたものを読むのは大変だが、「見方が大きく変わった」とか「自分が何気なくやっていた行為の深い意味がわかって驚いた」といったヨクデキタ学生の感想に出会う楽しみもある。腹が立つ感想に出会うこともあるが、とにかく刺激をもらうことはいいことだ。

徘徊老人についての質問は、「自我の動物行動学的意味」について話をした講義の後で、ある学生から出されたものだった。徘徊しているときの老人の自我はどういう状態にあるのかといった質問だったが、その質問の中に次のような内容の情報が書かれていた。

「最近は○×会社が、行方不明になって倒れたり交通事故にあったりする危険性のある徘徊老人を発見しやすくするために、どこにいても場所がわかるようなシステムをつくって販売しているらしい」

それを読んだ私の自我は、「**交通事故**」**という言葉と**「**場所がわかる**」**という言葉に反応する自分を感じていた**。これはタヌキでも利用できるかもしれない。

雪があたり一面につもった休日の大学のキャンパスでは、タヌキやイタチなどの足跡がそこらじゅうに見られる。特に大学の北側と南側の斜面には、足跡が縦横無尽に走っている。

おそらく大学ができる前は、雑木林の中を、タヌキやイタチ、テン、アカネズミが自由に行き来していたのであろう。そして道路ができ大学ができて、タヌキたちは、人の姿が見えない夜や休日に、以前のように山を降りてキャンパスを横切り、道路を横切って移動しているのだろう。

徘徊老人の位置を知るシステムをタヌキに利用すれば、タヌキが道路を横切ってどこからどこへ移動しようとしているのかを知ることができる。

さっそく、その会社の営業担当者に来てもらい話を聞いた。

発信機からの信号を、携帯電話の中継基地や人工衛星でキャッチして位置を決定するということであった。その位置はパソコン画面に表示した地図の上に点として現れるという。このようなシステムをＧＰＳ（Global Positioning System）というのだそうだ。発信機も四三グラムと軽く、タヌキにも負担はかからない。

発信機を研究室の窓際に置いて、その位置をパソコンで検索するデモンストレーションをしてもらったが、これなら使えそうだ。

これまでの、タヌキを含めた哺乳類の自然環境下の移動は、主にラジオメトリーという方法によって調べられてきた。動物につけられた発信機からの電波を、人間が持ち運ぶアンテナで受信する方法である。

ある地点でアンテナをかまえ、最も電波が強く受信できる方向に動物はいると考える。そして、複数の地点でそれを行い、動物のいる方向へ直線を引き、それらの直線が交わる点が動物の位置ということになる。

私も経験があるが、この方法が抱える問題点は、アンテナを持って野外を移動するのは大変な労力を必要とするということである。たとえば夜間、アンテナを持って電波を受信しながら林の中を歩くようなことはまず無理である。

その点、ＧＰＳによる方法では、部屋の中で容易に、動物の位置を連続して調べることができる。

大学で世話をはじめてから八日目の午後、いよいよコバキチを山に返すときがきた。

もう大分私に慣れてきたコバキチに、発信機を取りつけた首輪をつけ、車にはねられた場所の山側に放してやった。コバキチは一目散に山の斜面を駆け上がり、竹林の中へ入っていった。

さて、**その日の夜からパソコンでコバキチの移動ルートを確認する作業がはじまった。**

タヌキは基本的に夜行性であるので、一晩中継続して調べる必要がある。私とYくんだけでは無理なので、他の学生諸君にも協力を頼んだ。すぐに四人ほどの学生が引き受けてくれた。皆、「面白そうですね」とやる気満々だ。

その日の夜、学生たちへの、パソコンの操作手順の講習も兼ねて、一回目のチェックを行った。

緊張の一瞬の後、パソコンの画面上には、大学林の西の端にコバキチを表すマークが表示されていた。放した場所から数キロメートル移動していた。

おーっ！

誰からともなくそんな声がもれた。

これは面白い。次はどこへ移動するのだろうか。皆ワクワクだ。

パソコンを見れば野生タヌキのコバキチが今どこにいるのかわかるのだ。協力してくれている動物好きな学生たちにとっては、それは面白くないはずがない。

ただし、少し注意しなければならないことがあった。

それは、コバキチの位置をパソコンでチェックすると、GPSの契約料とは別に、一回につき一〇〇円の料金が加算されるということだ。

だから、誰でも好き勝手にチェックしてもいいというわけにはいかないのだ。五人で、とりあえず一週間分の担当時間帯を決めた。自分の担当以外の時間帯ではなるべくチェックは我慢してくれと頼んだ。


一日ごとにコバキチの動きについての情報が入ってきた。

われわれがにらんだとおり、**コバキチは道路を頻繁に横断し、道路をはさんで大学林の向こう側の山にも移動していた**。日中はその山の麓でじっとしている(おそらく寝たり休息したりしている)こともわかった。

地図上のマークを頼りに、そのあたりに行ってみたが巣穴らしいものは発見できなかった。

そして七日間が過ぎた。

記録の解析はタヌキが大好きなKくんがやってくれた。それによって、コバキチの大体の行動範囲や、一日の時間帯ごとの活動の特性などもわかってきた。その成果はある学会の雑誌に掲載された。

また、道路を横切るルートの記録は、その後、大学の近くの道路に〝タヌキ注意〟の交通標識を立てるときに役立った。

鳥取環境大学には、一、二年の学生を対象にしたプロジェクト研究という実習がある。教員が掲げたテーマに学生が希望を出してグループをつくり、半期（約三カ月）をかけてそのテーマに取り組む。

毎年、大学の周辺の道路で車にはねられて死ぬタヌキを見ていた私は、とりあえず、タヌキへの注意をうながす標識を立てることをテーマにあげたのである。

取り組みではまず、学生と私は、実際にそれまでに車にはねられて死んだタヌキの記録や、タヌキが道路を頻繁に横切っていることを示すGPSの記録を持って、国土交通省の鳥取整備局を訪ねた。その後、何度かのやりとりを経て、タヌキの図柄が入った標識が道路の二カ所に設置された。

大学の近くの道路に設置された“タヌキ注意！”の標識

このようにGPSは、タヌキの移動行動を調べるうえで力を発揮してくれたのであるが、月初めに届いた請求書には驚いた。

〝使用料〟が高額なのである。

学生たちが誘惑に負けて、自分の担当以外の時間帯にもパソコンをチェックしたからだ。注意の仕方が中途半端だったからだろうか。

おそらく学生たちは、「一回ぐらいなら」とパソコンの中のコバキチに会いにいき、一回が二回に、二回が三回に……なのだろう。

しかし、寛大な私は彼らを責めようとは思わなかった。というのも、**私も何度も誘惑に負けて、夜な夜なパソコンの中のコバキチに会いにいったからである。**

こっそりとパソコンを開き、画面の地図の現場を想像しながら、そこを歩いている野生のコバキチを思い描く。それは、われわれ動物好きにとっては、抗しがたい誘惑だったのだ。

大学の北東約二キロメートルのところに、周囲を田んぼと人家に囲まれ、ちょうど**海の中の小さな島のようになった山がある。今木山《いまきやま》という。**

道路から見たこの山の眺めに魅せられてはじめて今木山に入ったとき、日中にもかかわらず、

空から見た今木山。周囲を田んぼと家に囲まれている

麓の道路から眺めた今木山

二匹連れで移動するタヌキに出会った。

タヌキは基本的には夜行性であるが、日中に活動することもある。おそらくはつがいであろう二匹のタヌキは、私の姿を認めるとすぐに木々の陰に消えていった。

こんな小さな島のような山で、あっさりとタヌキに会うとは意外であった。

しかしその後山の頂上へと進んでいくと、タヌキの生息を示す痕跡が次々と見つかった。

その一つは〝ため糞場〟である。

ため糞場とは、その近辺に生息するタヌキたちが、共同で排糞や排尿に利用する場所のことである。タヌキ同士はそこでニオイを通したさまざまな情報交換を行っていると考えられている。そのような場所がタヌキの生息地には複数存在する。大きなため糞場だと、

コナラの大木に挟まれたタヌキのため糞場

直径五〇センチメートルほどの円形に、糞が分厚く盛り上がっている。

そんなため糞場が、山の中腹から山頂にかけて、すぐに三つ見つかった。

三個のうち二個は、コナラ大木に囲まれた場所にあり、「こんなところで用をたすのはさぞ気分がいいだろうな」と思うようなスポットである。(タヌキもコナラの大木が気に入っていたようで、翌年の台風でコナラの大木が一本根元のほうから折れてしまうと、そのため糞場は使われなくなってしまった。)

糞の中には、カキの種がたくさん入っており、ため糞場の縁には、芽生えてから何年かたったと思われるカキの幼木も見られた。結果的に**タヌキがカキを育てている**のである。

二つ目のタヌキ生息の痕跡は、タヌキ道である。

タヌキ道はその言葉のとおり、山の中の移動のためにタヌキが利用する道である。頻繁に使われるタヌキ道は、地面が踏み固められ、地肌がむき出しになっているので見ればすぐわかる。

今木山には、わかりやすいタヌキ道が麓から山頂まで何本も走っており、ため糞場とあわせて推察すると、山の中でのタヌキの移動ルートがかなり予想できた。

最初の散策で、私はすっかり今木山が好きになっていた。

その後、今木山は、プロジェクト研究や生態学の実習など、いろいろな機会に利用させてもらった。
哺乳類では、タヌキ以外にも、キツネやノウサギ、アカネズミ、キクガシラコウモリにも出会った。（出会ったというか、捕獲されて無理に出会わされたものもいるが。）

小さいのに豊かな山であった。

さて、GPSによるコバキチの追跡がうまくいったのを受けて、私はこの今木山のタヌキでぜひやってみたいことがあった。

それは、同時に複数のタヌキに発信機をつけて彼らの移動を追跡し、個体間の相互作用について調べることであった。

複数の個体というのは、親子とか、つがい（タヌキは哺乳類ではめずらしく永続的な一夫一婦制をとる）とか、隣接する地域に生息する非血縁個体同士などである。

調べたかったことは、たとえば、

「一般につがいの個体同士は一緒に移動することが多いといわれているが、実際にどの程度行動をともにするのか？」とか、

「子別れをした親と子は互いにどのような距離を保って行動するのか、接触することは一切な

いのか？」とか、

「非血縁個体同士は互いに相手の存在を認識して避ける傾向があるのか？」などである。

このような相互作用は、GPSによる刻々の位置確認なしに調べることはできない。

これを実現させるには、まず複数の個体を同時に捕獲しなければならない。

どのような関係の個体が捕獲できるかはわからないが、今木山の北側と東側の、山頂と中腹に計七個のトラップを同時に設置した。そして、翌日から、毎日山へ行ってトラップを見てまわる日課がはじまった。Yくんが手伝ってくれた。

最初のタヌキは、雨が降っていた朝、Yくんが発見して電話をかけてきてくれた。

急いで現地に行ってみると、立派なタヌキがトラップの中に座っていた。毛が雨に濡れていたが元気そうだった。

急な斜面をタヌキの入ったトラップを私が抱えて持って降りた。トラップとタヌキの重さが合算され、結構重かった。力とバランス感覚が必要とされる作業だ。運動神経抜群のYくんが私の動作をほめてくれた。

二匹目は、その三日ほど後、Nくんと一緒にトラップを見てまわっているときに発見した。一匹目のタヌキが捕獲された場所から五〇メートルほど離れた場所のトラップに入っていた。

初めて生きたタヌキを近距離から眺めたNくんは、「意外に小さいですね」と言った。

確かに一般に定着しているタヌキのイメージからすると小さく感じられるかもしれない。しかし一方で、間近で見るタヌキは一般のイメージとは違って、野生の精悍さとかわいらしさが入りまじったイヌ科哺乳類であることを認識させてくれる。

その後何日間か粘ったが、タヌキはトラップに入らなかった。捕獲は二匹だけで打ち切り、その二匹にGPS発信機をつけて移動を追うことにした。発信機をつける際には、二個体の遺伝的関係を後で調べるために、指先から血液を採取しておいた。

二匹のタヌキをそれぞれ捕獲した場所に放し、「さあチェック！」とパソコンに向かい、地図の画面を開いて唖然とした。

二匹のうち、一匹のほうのマークが出ないのである。発信機が作動していないとのメッセージである。充電ミスか、電源の入れ忘れか、未だに理由はわからない。

これでは狙いが全く達成できない。

かなり落胆したが、仕方がない。とりあえず、マークが表示されるほうのタヌキの移動を追うことにした。

予定していた調査が不可能になったので、あまり熱を入れてはチェックしていなかったのであるが、そのうち面白いことがわかってきた。

タヌキは、しばしば今木山から船出して、人家や田んぼをクルージングし、そのうちに七〇〇メートルほど北にある、甑山《こしきやま》を含む〝大陸〟へ到達し上陸するのである。

これは面白い。

大海の中に孤立した今木山〝島〟と大陸を結ぶタヌキ。

予想はできたことだが、こうやって実際に目の前で（パソコンの前で）見せられると目を奪われる。

というのは、その背後には、現在の環境問題に関連して、生物多様性をめぐる次のような問題があったからである。


一般的に、ある生物類が絶滅するということは、人間にとって不利益な結果をもたらすと考えられている。

たとえば、その生物がその地域における生態系の維持に重要な役割を果たしていたとすると、その生物がいなくなることでいろいろな影響が出てくる可能性がある。人間にとっての害虫の異常繁殖とか、その地域の水質の悪化、自然災害による被害の増大などである。

一方、生物の絶滅の原因は、人間による生息地破壊や有害物質の放出、外来生物の進入などさまざまであるが、その中に「生息地の分断、孤立化による遺伝的な劣化」がある。

たとえば、一〇〇〇頭のパンダが生きている生息地が、道路や建物などによって分断され四つの小さな区域に分けられたとする。四つの区域は大から小まであり、それぞれの区域に生息するパンダの数は五〇〇頭、二五〇頭、一五〇頭、一〇〇頭になったとする。

そうすると人を警戒する野生パンダは道路や建物を横切って移動することはできないので、それぞれの区域のパンダは自分の区域の中でしか交配の相手を見つけられない。

一〇〇頭しかいない区域では一〇〇頭（異性でなければならないので五〇頭程度）の中でしかつがいの相手が見つけられないので、互いに似たような遺伝子をもっている血縁個体の間で交配が起こり、それが続くと遺伝子の種類がいっそう均一になってくる（これを遺伝的劣化という）。

ところが、遺伝子の種類が均一な個体同士の間に生まれた個体は、子どものころの死亡率が高かったり、病原菌に抵抗性がなかったり、成熟してからも子どもを残せなかったりといった障害があることが知られている。

したがって、**生息地が分断され小さな生息地ばかりが形成されると、それらの面積の合計は、**

分断前の面積に比べてさほど減っていなくても、全体として絶滅の危険性はぐんと高くなるのである。

そして、このような生息地の分断化、孤立化にともなう遺伝的劣化は、動物のみならず、植物でも起こっていることが知られている。

今木山は、まさに孤立化された生息地である。調べてはいないが、この孤立地に生育する樹木や草本の植物種にも遺伝的劣化が起こっている可能性はある。

植物の場合は、花粉が風でかなりの距離を飛び、離れた個体の間で交配が起こるような種類も多いので、動物の場合と同様には考えられない。

事実、市街地で道路や宅地によって分断化された孤立林で、シラカシ（樫の一種）の遺伝的劣化の程度が調べられた研究では、かなりの割合の幼木が、林の外からの花粉を受けとっていることが明らかにされている。

しかし一方で、湿地帯で、生息地が分断されたシロイヌノヒゲという植物の例では、一〇〇〇平方メートルの小区画で孤立化した個体群では遺伝的劣化がかなり進行していることも報告されている。

さて、そこで、「大海の中に孤立した今木山〝島〟と大陸を結ぶタヌキ」の話である。

タヌキはカエルやミミズ、昆虫といった肉も好きであるが、木の実などの植物もよく食べる。ため糞場のタヌキの糞を見ると、秋は圧倒的にカキの種子が多いが、それ以外の植物の種子もたくさん入っている。

タヌキの糞に含まれている植物の種子を調べたある研究では、アケビ、エノキ、ムベ、イヌビワ、ノブドウ、ナワシログミ、カラスザンショウ、ムクなどが確認されている。ため糞場まで運ばれて排出された種子は、そこで発芽し、運がよければ成長して花を咲かせ花粉をつくるだろう。

〝大陸〟で植物の種子を含んだ実を胃袋に入れたタヌキが、田んぼの〝海〟を渡って今木山まで種子を運ぶことは、今木山の植物に外部からの異なった遺伝子を持ちこむことになるのである。

私はその可能性を実際に検討するために、まず、〝大陸〟の突端に位置し、GPSによってタヌキの上陸が確認された甑山に入り、タヌキのため糞場を見つけた。次に、そのすぐそばに、ビニルテープの小片を多数入れこんだカキの実を多数置いてみた。

ほんとうに、今木山からやってきたタヌキが、甑山でこのカキを食べ胃袋に入れて今木山に帰るのなら、今木山のため糞場で、ビニルテープの入った糞場が見つかるはずである。そして数日後、確かに今木山のため糞場の一つに、ビニルテープの入った糞が見つかったのである。

おそらく、このような働きは、タヌキ以外の哺乳類には難しいと思われる。というのは、宅地や道路、田んぼといった人間の生活域を、広範囲にわたって躊躇《ちゅうちょ》なく移動できるのは、まさに「里の動物」といわれてきたタヌキならではの行為だからである。

かくしてタヌキは、人間によって孤立化させられた山林の植物を遺伝的劣化から救っている可能性があるのだ。

今年の二月、車で今木山の周辺の道を走っていたら、前方にタヌキが横たわっていた。そばへ寄ると、もう息絶えて冷たくなっていた。車にはねられたのであろう。そして、その首には、電源が切れてもう電波を発信しなくなった発信機がついていた。

浅くつもった雪の中を今木山に登り、山頂に埋めてやった。今木山の山頂からは、条里制のなごりできれいに区画化された田んぼがよく見渡せるのである。

もし生きていて言葉を話せたら、タヌキは私になんと言うだろうか。

冬の今木山の頂上からの眺め

飛べないハト、ホバのこと

ドバトの流儀《りゅうぎ》で人と心通わすハト

初夏のある日、研究室に電話がかかってきた。メディアセンターのAさんからだったと思う。

「ハトが窓に当たって落ちていたのだけれど動かない。見てもらえないか」という内容だった。ちょうど会議が終わって、研究室にもどったときであった。急いでセンターに向かった。

ハトという話だが、ドバトだろうか、キジバトだろうか。

脳しんとうを起こしているのだろうか。

死にそうなのだろうか。

いろいろと考えながらその場所へ着くと、職員の人たちが何人か、ダンボール箱の中に入っているハトをしゃがんで見守っていた。ハトはドバトであった。

まだ子どもらしく、体全体に白くふさふさした産毛が残っていた。箱の中で、片方の羽がねじれ横たわるような格好でじっとしていた。目は開いている。

保護したときは動いていたが、そのうち動かなくなったという。私も含めて皆しゃがんでハトを見つめていたが、そのうち会話もとぎれ沈黙になった。**その沈黙の空気は、〝私が引きとらなければその場は収まらない〟ことを私に告げていた。**

「助かるかどうかわかりませんが私がなんとかしてみましょう」

皆がホッとするのが空気でわかった。

すこし気が重かったが、実際それしかないとも思った。

「ではまた経過をお知らせします」と言って、箱ごとハトを持ってセンターを後にした。

研究室で改めてハトを見た。

目の様子を見て、これは助かる可能性が高いなと思った。目は生き生きとし、きびきびと外界の変化に反応していた。嘴を少し開かせて水を与えた後、箱のままケージに入れ、講義に行った。

夜になったころにはハトは、大分、体も動かすようになっていた。おそらく打撲で麻痺していた運動神経が回復してきたのだろう。その日、そのまま研究室に置いておくわけにもいかないので自宅に連れてかえった。

途中、夜遅くまで開いているホームセンターで九官鳥の餌を買った。九官鳥の餌は、大豆くらいの大きさの粒で、いろいろな成分が入っている。湯をかけてやわらかくして食べさせる。ハトの状態を見て、その餌が一番いいだろうと思っていた。

自宅に帰ると、妻と息子が傷ついたハトに好意的な関心を示してくれた。ホッとした。

妻は私以上に動物が好きで、私以上に動物に同情する性格なのだが、息子が喘息《ぜんそく》体質であるため、動物の種類によっては家に入れることを許さないのだ。

私は一段高い立場に立ち、包みこむような大きな愛情で妻の言動を大目に見ている。（〝素直に従っている〟という言い方もできるかもしれない。）

体のバランスが悪く、まだ立てないハトに、私は買ってきた九官鳥の餌を与えてみることにした。餌を湯でふやかし、強制的に開けたハトの嘴の奥に押しこんでやるのだ。まだ子どもなので、嘴も柔らかい。

ある程度奥に押しこむと、ハトは半ば反射的に自分で餌を飲みこんだ。それを何度か繰り返し、ほどほどに餌を食べさせた後、ケージにもどし、上から布をかけて静かな部屋に置いた。

死ぬものならその夜のうちに死ぬ。これまでいろいろな動物が、保護した日のその夜に死ぬのを何度も経験していた。ただし、このハトの場合にはおそらく大丈夫だろうという予感があった。

はたして、翌朝、日が昇る前にそっとケージをのぞいてみたら、ハトは両足でしっかり立って頭を羽の下に入れて眠っていた。ケージの床に糞もしていた。

私がのぞいたのにも気づかず、随分とのんびりとしたハトだなと思った。外では小鳥たちが鳴きはじめていた。よかった。しばらくしたら放してやることもできるだろう。

ところが、結局その後、そのハトはもう野生にもどることはできないことがわかってくるのである。

ハトはだんだんと元気になり、餌も私の手から食べるようになった。

ケージの中でよく動くようになり、時々ケージから外に出して歩かせてやった。首を伸ばしてきょろきょろしながら、よく歩いた。ただし、庭で歩かせているとき、時々バランスを崩して横転することもあったが。

私が一番気になったのは、左の正常な羽に比べ、右の羽が下がっていることであった。時々羽をばたつかせる動作をするのだが、左右の羽の動きがアンバランスで、とても飛べる感じではなかった。

大学へ行く途中にある獣医さんに連れていったが、骨が複雑に折れており、治すのは無理ということであった。

もう二度と大空を飛ぶことはできないということである。

とりあえずは、餌をしっかり食べさせて体力つけてやろう。そう思い、毎日大学に行く前に何種類かの餌を与えてやった。小さいころから、両親の動物好きにつきあわされてきた一〇歳の息子も手伝ってくれた。

息子の提案で、そのハトは「ホバ」という名前になった。

ホバは、毎日餌を与える私に少しずつ慣れ、私が近づくとクークーと、ちょうどネコが喉を鳴らすような声を出すようになった。

休みでゆとりがあるときは、ケージから庭に出して一緒に過ごしたりもした。

私は庭で飼っているカメ（これも学生が大学の近くの山中の池から捕まえてきた外来種のカメで、また野外に放すこともできず、さりとて殺すことも忍びなく、私が世話をしている）に餌をやったり、庭に生息して

家の庭で私について散歩するハト、ホバ

いるカナヘビ（トカゲの一種）を捕まえてマークをつけたりするが、ホバは、私の近くにとどまって、地面の餌や小石をついばんだりしている（ハトは、食べ物をつぶすために小石を砂嚢《さのう》と呼ばれる器官にためている）。

庭でのホバの行動は、ドバトという鳥類の社会的特性をいろいろ垣間《かいま》見せてくれた。

たとえば、私に対する挨拶である。

私がホバの口先に指を出すと、ホバは頭を左右に振りながら嘴で指を軽く噛むようにしてつついてくるのである。同時に羽をばたつかせることもある。

嘴同士をからませて噛みあうドバトに特有な友好的な行動をホバは律儀にやっているのだ。この行動は、おそらくヒナ鳥が親鳥から口移しに餌をもらう動作か

私の手を嘴で噛んで挨拶するホバ

ら派生したものだと思われ、求愛のときにも行われる。
私が、嘴の前に手を出さないでいると、ホバは仕方なく私のズボンや上着の裾を噛んでこの行動を行った。私が見えなくなると、不安そうにきょろきょろあたりを見まわして私を探す行動も、ドバトの社会特性を示している。

他の個体と一緒に群れをつくる特性を備えているドバトにとって、ケージの中では仕方ないとしても、あまり慣れ親しんでいない庭で一人になることは不安感をわき立たせるのである。

だから、庭に出されたときは、たえず私の近くにいようとし、離れすぎるとあわてて近づくのである。

一人で地面の餌をつついていたホバが突然首を伸ばし、不安そうに周囲を見まわし、私を見つけて急いで歩いてやってくる姿を見ると、ホバがいっそうかわい

家の庭で見つめあうホバと息子

くなる。

ドバトの社会性は、濃厚な接触を求めるイヌと、近くにはいるが見た目には互いにとても淡白な接触しかしないヤギとの中間といえばよいのだろうか。三種類とも集団をつくる動物ではあるが、三者三様である。

こんなことを繰り返しながら、ホバは、妻や息子とも信頼関係を深めていき、だんだんと家族の一員のような存在になってきた。

これはまだ家族の誰にもしゃべっていないことなのだが（しゃべったら大変な非難を浴びるだろう）、あるとき、私が不注意にも目を離していた隙に、庭でホバがネコに襲われたことがある。

まさに、ネコがホバを口にくわえて立ち去ろうとしているときに私が駆けつけ、間一髪、ネコがホバを離して逃げ去ったのだ。

「ホバをケージから庭に出してやるときには、必ず近くに誰かがいてやらなければならない」

それが我が家のホバに関する掟であった。

というのは、ホバが家で暮らすようになる前から、家の庭にはネコがよく来ていたからである。庭には樹木が多く、草もほどほどに残しておいたため、隠れる場所も多かったからだと思う。ネコにとって心地がよかったのだろう。

小鳥もいろいろな種類がやってきた。スズメ、ヒヨドリ、メジロ、シジュウカラ、モズなどである。

あるときなど、ハヤブサの一種であるチョウゲンポウが、それらの小鳥を狙って舞い降りたこともあった。庭でホバに散歩をさせているとき、背後でバサバサという音がしたので振り返ると、チョウゲンポウが低木の茂みの中から小さな鳥をつかんで飛び出していった。（県庁から車で一、二分の市街地の庭にチョウゲンポウがやってくるとは！）

さすがにチョウゲンポウに襲われることはないにしても、ネコに襲われる可能性は十分ある。実は、もう一〇年ほど前、今の家に引っ越す前であったが、家族でかわいがっていた文鳥がネコに捕られた経験もあったのだ。

「ホバを庭で一人にしてはいけない」は、家族の鉄の掟であった。

私がその掟に背いたのは、カナヘビの雄が悪いのだ。

その日、妻も息子も外出していた。

ホバを庭に出して日向ぼっこをしていたら、偶然、草むらで、カナヘビの雄が雌の首を噛んで交尾をしているのを見つけた。乱暴そうに見えるが、トカゲでは、交尾は雄が雌の首を噛み、動かないようにして、体を雌の体に巻きつけるようにして行うのである。

そして、その雄も雌も、私が塗料で頭や胴体にマークしていたなじみのあるトカゲたちだったのだ。これはぜひ記録として写真に残しておこうと思い、家の二階にカメラを取りにいった。

掟を忘れたわけではなかったが、一分もかからないし、まあいいだろうと思ったのである。

ところが、急いで階段を駆け登って部屋に入りカメラをつかんだとき、窓の外からバサバサという音が聞こえてきた。

ホバの身に何かが起こった。

直感的に思った私は、カメラを放り出して階段を駆け下りて庭に飛び出した。そこで目にしたのは、ホバを口にくわえて立ち去ろうとしているネコであった。

ネコは突然現れた私に驚いてこちらを見ている。小鳥と違って少し獲物が大きいせいだろう。引きずりぎみに苦労して運んでいる様子が見てとれた。

私は「こらー」と叫んで手をあげ、ネコのほうに全速力で走っていった。ネコはホバを離して逃げていった。

ホバはどうなったか？

地面に落とされたホバは、むくっと立ち上がり何事もなかったかのように周囲を見渡したのである。

私はホバを抱いて、傷はないか、血は出ていないか調べ、頭をなでてやった。すると嘴を私の指にからませて挨拶をしてきた。野生動物の心理的なタフさを感じた。

「よしよし、よかったなー」と声をかけ、いつもより長く挨拶を返してやった。

鉄の掟が、妻や息子の顔とともに浮かんできた。

大学や家で起こった動物にかかわるさまざまな事件はたいてい、包み隠さず、というより、勇んで家族に話すのであるが、今回のことは口が裂けても話すまいと思った。二〇年ほどして時効になったら、思い出話として話してもいいかもしれないとも思った。

ホバと暮らしはじめて今年でもう四年になる。厳しい冬を三回も過ごしたわけだ。

「ネコ」事件も含めいろんなことがあった。最近の事件は何といっても「産卵」事件であろうか。

今年になってはじめてホバが卵を産んだのだ。それも立て続けに五個も。

白い、ピンポン球を楕円形にしたくらいの大きさである。もちろん無精卵である。

昔飼っていた文鳥が、卵を三個産んで体力を消耗し、死にそうになったことがあり、ホバの産卵についても大変心配したのであるが、ホバはいたって元気だった。

ホバの産んだ卵は、大学の研究室に持っていき、以前から置いていたダチョウの卵と並べて机の上に置いておいた。

研究室に入ってきた人はたいてい、何の卵かと聞いた。

ハトは身近な鳥ではあるが、その卵をまじまじと見た人は少ないのである。ダチョウの卵とハトの卵を同時に実感してほしいという、私の教育的配慮がそこにあるのだ。

秋のよく晴れた休日、ホバに、自分が生まれた場所（の近く）を見せてやろうと、ホバを大学に連れていった。

ホバが保護された場所の近くを、私が手に抱いてやったり、一緒に歩いたりして、散策した。特に意味はなかったのだけれど、大学でヤギ部が飼育しているヤギ（私によくなついていた）

にも対面させてやった。

ホバは、家の庭を歩いているときよりも頻繁に羽をばたつかせて、飛翔の意思を示した。庭よりずっと広い大学のキャンパスの眺めが、飛びたいという衝動を強く刺激したのかもしれない。

散歩中に一人の学生に出会った。その学生は、私の横を、体を左右に揺らしながらひょこひょことついてくるホバを見て、微笑みながら「**先生の子どもみたいですね**」と言った。

そうかもしれない。ほんとうの子どもが歩きはじめたころ、手をつないで一緒に外を散歩したときの気持ちに近いものを、そのとき感じていたのかもしれない。それはやさしく穏やかな気持ちと、何かあったら守ってやるぞという強い気持ちである。

ホバと面会させた前述のヤギも、幼いころから気にかけてやっていたので私によくなれていた。大学の林などに連れていくと私の後をつかず離れずでついてきた。ヤギ部の部員に、「先生がお父さんですね」とよく言われた。

ホバにしてもヤギにしても、そう言われるとうれしい気持ちになる。

誰でも、動物から好意的に思われる、頼りにされるということは悪い気はしない。動物たちは、打算なく純粋に、本音で行動するという（実際にはそうではない部分もあるのだが）一般的な認識をわれわれがもっているからだろう。

しかし逆に考えると、本来の同種の仲間にではなく、人間という異種である私と心理的に深い絆を結ぶというのは、必ずしも彼らにとっての一番の幸せではないだろう。

ホバは羽が折れて飛べないから、ヤギの場合は家畜動物としてしか生きられないという宿命があるから、ということもできる。

しかし「子どものようですね」という、ほほえましく聞こえる言葉のもう一つ別の面も認識しておく必要があるのだろう。

それは、**ペットブームの現在の日本においてもそうだろう**。

動物と人間のつながりにもいろいろな状況があるので、もちろん一概には言えない。しかしあたかも人間の子どものように着飾らせ、自分になつくことだけを何の疑問もなく追求することを、少し立ち止まって考える必要もあるだろう。

ホバは今日も元気に暮らしている。朝と夜、私が玄関近くを歩く音がするとそれだけで「クークー」と、ホバなりの挨拶を一生懸命に送ってくれる。

鳥取環境大学ヤギ部物語

鳥取環境大学には、ヤギ部という学生のサークルがある。

開学間もない大学のキャンパスに立って、

「こんな広々とした緑豊かなキャンパスに、ヤギがのどかに草を食《は》んでいたらいいだろうなー」

「そしたら必ず近づいていって、顎にさわってなにか話しかけるだろうなー」

そんなことを思った私は、はじまって間もない生態学関係の講義で学生に言ってみた。

「**大学でヤギを飼ってみませんか**」

もちろん、別に具体的な計画があったわけではない。いわゆる、「引っ越しましたのでお近くにお出かけの節はお立ち寄りください」程度の気持ちである。

一期生の学生の中には、行動力に満ち溢れた学生が多くいた。

翌日には、学務課に置いてあった「サークル立ち上げ希望書」に、サークル名「ヤギ部」と書かれ、その下に二〇名くらいの学生の名が書いてあった。もちろん顧問名の欄には、勝手に「小林」と書いてあった。

「引っ越したんですね。明日出張で近くに行くのでお邪魔します」

と言われたようなものである。

しかし、こちらの事情はどうあれ、飼ってみませんか、と言った手前、もう後に引くわけにはいかない。私はヤギを入手すべく動くことになったのである。

いろいろなところにあたってみた結果、最終的には県内の大山《だいせん》という山の麓にある「トムソーヤ牧場」というところから、生まれて二カ月ほどの仔ヤギをもらうことにした。

初夏のある日、私は片道二時間ほどかけて牧場に行き、メーメー鳴く仔ヤギを車に乗せてもどってきた。

大学では、はじめて仔ヤギに対面した学生たちが、口々にかわいいと言っていた。頬ずりする学生たちもいた。

しかし、仔ヤギのほうはそれどころではない。新奇なニオイ、新奇な個体が手を伸ばしてくるのだ。不安でメーメー鳴いていた。

部会でその仔ヤギは「ヤギコ」と名づけられた。

開学一年目の大学は、「環境」という言葉が大学名に入ったはじめての大学、ということもあり、よく鳥取県内外のニュースに取り上げられた。

中でも「ヤギ部」は、その名前のユニークさも手伝って、いろいろなマスコミから取材を受けた。顧問である私に対しては、「先生はなぜヤギを飼ってみようと思われたのですか」と聞かれることが多かった。

私はいつも、「環境問題は、ともすれば頭の中だけの、机上のお話に終わる危険性がありま す。具体的な体験をとおして環境問題を考える、一つの教材としてヤギを飼うことを思いつい たのです」などと答えておいた。（大きな理由は、冒頭で述べたとおりであったのだが。）

マスコミの方は大抵、大きくうなずいて満足されていた。

大学内でも、ヤギコはマスコットキャラクターとして、大学紹介をはじめとした各種パンフレットによく利用された。

一方、部に無断で写真が使われることに部長が抗議したこともあった。

私がよびかけて、部員と事務局広報課との会議ももった。ヤギは部のものか大学のものかが争点になった。なかなか面白い話だった。

ヤギ部は今年で五年目になる。

その間に一匹の小さい品種（シバ）のヤギ（名前はシバコといった）が加わった。しかし、一年ほどで死んでしまった。（二日間、部員が徹夜で見守ったが助からなかった。）

その後、また同じ品種の小さいヤギが二匹加わり、現在大学には、ヤギコと二匹のシバヤギ（名前はコユキとコハルという）計三匹がいる。

この五年間、ヤギコを中心にしていろいろな出来事があった。

多くは、〝ヤギ〟ならではのユニークな出来事である。つらい出来事もあった。それらの出来事の中から、これまで誰にも語ることなく私の心の奥にしまってきた事件をいくつかお話ししたい。

ヤギの角の先が折れました！

大学に連れてこられてメーメー鳴いていたヤギコも、少しずつ大学の環境に慣れ、落ち着いてきた。そして成長にともなってヤギ類に特有な行動が現れてきた。跳びはねる動作、後ろ足で立ち上がり、前のめりに倒れかかるような動作、そして、部員を（小さな）角で突こうとする動作、などである。

そんなヤギコを、部員は、元気な成長の証として頼もしく眺めていた。

しかし、角で突く動作については、やがて、そうも言っていられなくなった。いくらまだそれほど大きくはないといっても、体重一〇キロを超える哺乳類が、遊びとはいえ、半ば本気で突いてくるのである。部員の中には、真剣に怖がるものも出てきた。休日に遊びに来た子どもたちにも、角突きでお相手することが多くなった。角も少しずつ長く尖ってきた。

ヤギコの保護者（私のことであるが）としては、これはほおってはおけない。

「よし、角を切ろう」と思い立った。

豪腕のYくんに体を押さえてもらっておき、嫌がるヤギコの角を、根元近くから鋸《のこぎり》で切りはじめた。ところが、ヤギコがいやに激しく抵抗する。不審に思って手を緩めると、角の切り口に赤いものが見えた。

血であった。

ヤギの角を、それ以上伸びないように、切ったり焼いたりした話は聞いていたし、ヤギと同じウシ科に属するニホンジカでは、奈良公園などで観光客への配慮から角切りをするのは有名な話である。

だから特に躊躇することもなく、まだ比較的小さかったヤギコの角を切ろうとしたのだが

………。

そうか、ヤギの角は、髄に血管が通っていたのか。だったら神経も通っているに違いない。だからこんなに激しく抵抗したのか。

私は妙に納得した（しかしそんなことを言っている場合ではない）。

ヤギコをとりあえず放してやると、数メートル逃げて立ち止まり、こちらを見ている。「イヤー、悪い悪い」と謝った。Ｙくんが苦笑していた。

ヤギコの角に水平の切り跡ができてしまった。この切り跡は、人間でいえば、爪の傷のようなものだ。角の成長とともにだんだん上に押しやられ、やがてなくなってしまうだろう。部員には黙っておいた。

それから二年ほど過ぎたある日、一年生の部員から、ヤギコの角の先が折れたという連絡を受けた。とても丈夫で弾力性のあるヤギの角がそうそう折れるはずはない。

私はとっさに、「それは右側？　左側？」と聞いた。ほとんど忘れかけていた、あのときの出来事が頭をよぎったからだ。

「確か左側だったと思います」

おそらく間違いない。あのときの切り跡が、月日とともに先端近くまで移動し、角がその切り跡に沿って折れたのだ。

罪の意識より、月日の経過がしみじみと思われた。小さかったヤギコの姿が目に浮かび、ヤギコもがんばって大きくなったなーと思った。

そして、その一年生の新入部員に、折れた角のわけを聞かせてあげたい気分になった。「実はね、折れた角の先はね……」と話しはじめたとき、「先生が切ろうとしたんでしょ」とその部員は言った。三代目の部長のTくんが角の折れ口をヤスリで丸く削ったという。折れた角の話に限らず、部員たちは、なんでも知っているのかもしれない。先輩から後輩へ経験は伝承されているのかもしれない。

そんな部員たちに毎日毎日世話をされ、見守られながら、ヤギコは大きなヤギになった。一期生の卒業式のとき、総代のWさんは答辞の中で、「入学時には小さかったヤギコが、今、山のようになった」と言った。

ヤギコ大捕り物

春の長期休暇の一日だったと思う。

夕方、妻と息子と一緒にホームセンターで買い物をしていたとき、学生のHくんに会った。ヤギ部の部員ではなかったが動物好きで、よくヤギコのことを気にかけていてくれた。Hくんが私に、「**ヤギコが柵から出たらしいですよ**」と教えてくれた。

それまでにもヤギコは、何度か柵から出たことがあった。私の助けが必要だったら部員が電話してくるだろうと思って、さほど心配はしなかった。

ところが、携帯電話を確認したら電気切れになっているではないか。不安になって息子を連れて大学に向かった。

駐車場に着くと、大きな建物で隔てられて見えないのだけれど、ヤギの柵のほうから大勢の人たちのざわざわした声が聞こえてきた。

行ってみると、大学の学務課や総務課の人たちが周囲を取り巻き（学長もいたと思う）、中央で**図書情報課のAさんがヤギコと押しあっている光景が目に入った**。

夕闇が迫る柵の脇で、Aさんはヤギコの角を正面から両手で持ち、ヤギコは頭を下げてAさんを押しているという構図になっていた。そのころヤギコは体重五〇キロを超えていただろう。

事態のすべてを瞬時に把握した私は、まずAさんに同情した。私以外の人がヤギコとあの姿勢に入ってしまったら、もう後もどりはできない。ヤギコから角で突かれたくなければ、もうその姿勢を続けるしかない。

ヤギコにとってその姿勢は、競争関係にある他のヤギと、角同士をつけて押しあう生得的な行動パターンなのである。

悪いことにヤギコは、周囲をたくさんの人たちに囲まれて、大変興奮していた。目も充血して赤くなっていた。かなりの力でAさんを押しているに違いない。私はすぐにAさんとヤギコの間に割って入った。

ヤギは社会的な順位を強く認識する動物であるらしく、あまりなじみのない人に対してはもちろん、部員に対してもヤギコはかなり競争的、威圧的にふるまうことが多かった。

しかし、小さいころから親のように優しくも厳しく接してきた私だけには従順であった。力関係と愛情によって、ヤギコは私が順位が上であることを十分認めているようであった。

ヤギコを放して学生たちと一緒に山道を歩くときなど、ヤギコはいつも、先頭の私のすぐ後に位置をとろうとした。ヤギの社会では、移動の際には、順位が高い個体から前に来ることになっているのだろうと私は解釈していた。

ヤギコの首輪をつかんで、息子に、ヤギコの小屋からリードを取ってこさせ、首輪につなぎ、一件落着となった。みなさんにお詫《わ》びし、ヤギコを小屋に連れていった。

ヤギコもほっとしたに違いない。

よく知らない個体に囲まれ、よく知らない挑戦的な個体と必死で渡りあっていたのだから。

顎のひげをなでてやり「おまえも大変だったなー」と声をかけてやった。

息子と車で帰る道々、もちろん事務の人たちに対して申し訳なかったという気持ちもあったが、一面では、その一件を愉快に感じる自分もいた。なにか、絵本の中にでも出てくる話ではないか。

それに、私に対しては全く神妙にふるまうヤギコを見せられたことは、私に優越感のようなものを感じさせていたような気もする。

当時八歳だった息子も一連の出来事が楽しかったらしく、家で母親に一生懸命状況を説明していた。私もそれを楽しそうにそばで聞いていた。

ここまで書いてきてだんだんと、いたたまれないような気持ちになってきた。全く申し訳ない話である。

本事件以外にも、事務の方にはヤギコについてなにかとご迷惑やお世話をかけてきた。清掃の方や、教員の方にもなにかと気にとめていただき、餌を持ってきていただいたり、小屋の修復を手伝っていただいたりした。

この場をお借りして、お詫びとお礼を申し上げたい。

シバコがヤギコの心を溶かした瞬間

ヤギ部で、ヤギをもう一頭飼おう、という話が持ちあがった。

ヤギコが三歳ほどになり、もう堂々とした大人の雌ヤギになっていたころだった。

今度は、部員も扱いやすく、学外にも運んでいける小型のヤギがいいという話になっていた。

ヤギコと同じようなヤギがもう一頭増えることには、さすがに部員も躊躇したのだろう。

ヤギコのために一言弁明しておくと、部員は、力が強くてしばしば横柄《おうへい》な態度をとるヤギコを、けっして嫌ってはいない。単なるかわいいだけのペットとも、個性のない家畜ともほど遠いヤギコは、圧倒的な存在感で部員たちの心の中にしっかり居座《いすわ》っているのである（おそらく）。ただし、もう一頭、中に居座られたら心がもたない、ということなのだろう。

やがて、部長のMくんが、名古屋大学の農学部から入手が可能という情報を持ってきた。早速、先方の先生にコンタクトをとり、シバヤギという小さな品種を譲り受けることになった。部員たちの希望で、生まれて一年以内の仔ヤギをお願いした。

それから数カ月後、三年生のヤギ部部長Mくん、大学院進学希望の四年生Fくん、就職活動真っ只中のKくんの三人は、Fくんの車で名古屋に向かった。

途中、Kくんが大阪で、志望企業の入社試験を受け

少しずつ大学の環境に慣れてきたシバコ

るとのことであった。ヤギを受けとりに行く片手間なぞに試験を受けて大丈夫かいな、と思ったが、それだけ自信もあったのだろう。

名古屋大学付属農場に到着した三人は、そこで先方の学生やスタッフの方々に大変お世話になったらしく、夜はご馳走になったり泊めてもらったりしたそうである。

そして出発してから三日後、三人は、生後二カ月ほどのかわいい小さなヤギの仔を連れて環境大学にもどってきた。

仔ヤギは大分疲れている様子で、とても不安げに隅へ隅へと隠れようとした。それでも日に日に元気になり、しっかりと餌も食べるようになっていった。名前は部会で「シバコ」に決まった。

元気になった**シバコは、ヤギコを見るとメーメー鳴きながら近づいていった。**だがシバコは、人間に対しては自分から近づいていくことはなかった。そもそも人間に対してはあまり関心を示さなかった。

そして、ここがシバコとヤギコの大きな違いであった。

ヤギコは、トムソーヤ牧場で親から早目に離されて人の手で世話されていたのだろう。大学に連れてきたとき、すでに人の後をついて回り、人が離れていくとメーメー鳴いた。

一方、シバコは名古屋大学の農場で、そこを離れるまで母親や他のヤギたちと一緒に過ごしていたとのことであった。つまり同種を同種としてしっかり認識していたのである。

だからヤギコを見たシバコは、当然のこととして自分のほうから積極的に近寄っていったのである。

はじめてシバコに対面し、シバコに近寄られたときのヤギコの反応は、心痛めるものであった。

ヤギコははじめ、気味悪がるようにして後退し、それから、角で突いてシバコを追い払おうとしたのである。

われわれは急いでシバコをヤギコから遠ざけた。

その後も同様なことが続いた。

二匹は別の小屋で飼育していたが、シバコは、小屋から出され自由になると、柵の中にいるヤギコのほうに近づいていった。そして近づきすぎると、ヤギコは角で突いた。そんなことを繰り返しながら、シバコは少しずつ、ヤギコの角突き攻撃からうまく逃れる身のこなしを上達させていった。

けなげに思ったのは、シバコが、追い払われても追い払われても、何度でもヤギコに近づいていこうとしたことであった。ヤギの子どもに備わっているヤギ特有の鳴き声や姿勢や動作を駆使して、何度も何度もヤギコに近づいていこうとした。

しかし、ヤギコはヤギコでかたくなに拒絶し、攻撃を繰り返した。ヤギコをそのようなヤギにしたのはわれわれだったのだが。

そんなことが数週間続いただろうか。相変わらずシバコは隙あらばヤギコに近づこうとしていた。

そして私はあるとき、ついに見たのである。**首を伸ばしたシバコの鼻が、少しだけ前に伸ばしたヤギコの鼻と、正面同士で接触するのを**。

そのときまでに、ヤギコのシバコに対する行動に、少しずつ変化が現れていたことは気づいていた。近づいてきたシバコへの攻撃の激しさが弱まっていたことは確かだ。しかしヤギコがシバコに対して、多少とも友好的な行動を示すのを見たのはそれがはじめてだった。

二五年ほど前、スティーブン・スピルバーグ監督の「E.T.」という映画が話題になった。地球外知的生命体であるE.T.が地球に不時着し、それをアメリカのある少年が助け、やがてE.

T.は、救出に来た仲間の宇宙船にもどっていくというストーリーである。
その中で、地球人の少年が、異星人であるE.T.とはじめて心を通わせる場面がある。それはこの映画を象徴する一場面としてポスターにも描かれていた。少年の指とETの指が上側と下側から差し伸べられ先端が接触するという場面である。

私はシバコの鼻とヤギコの鼻が接触する瞬間を見て、このE.T.の場面を思い出した。


そして、実際、その出来事以来、ヤギコのシバコに対する行動が大きく変わっていくのである。

ヤギコは、シバコが近寄ってきても特に攻撃することなく、無視することが多くなったのである。この〝無視〟というのは、ヤギの社会では友好的な意味合いを

ヤギコに前足で飛びかかって遊ぶシバコ

帯びた行動といってもいいと思う。

もちろん、シバコが近づきすぎたり、飛び跳ねてヤギコの体にあたったりしたときは、ヤギコは角で追い払おうとした。しかしそんなときでも、以前のようなヒステリックさはあまり見られない。

この変化は、部員たちも気づいていた。

そして、やがて二匹のやりとりは、まるで親子のようなほほえましさを漂わせるようになった。部員たちもその変化を大変喜んだ。

月並みな言い方だが、シバコの粘り強さがヤギコの心を溶かしたのである。

動物行動学的に言えば、**ヤギコの脳内に潜在的に備わっていた同種に対する認知系が、シバコからの繰り返しの刺激によって活性化された、**というところだろうか。

そんな二匹に永遠の別れが訪れたのは、それから半年ほどたってからであった。

部員からの連絡で小屋に行ってみると、ヤギコとシバコがどちらも、苦しそうに首を振り、口から緑色の汁を吐き出していた。それぞれの小屋の床や側面の壁には、口から吐かれたと思われる緑色の汁が、いろいろな形の染みをつくっていた。獣医さんに見てもらったが原因はよくわからなかった。

それから二、三日後、ヤギコは持ちこたえたが、シバコは死んでしまった。

シバコが元気だったころ、私はシバコを車に乗せて、よく、大学で借りている田んぼに行った。

稲刈りのときには、学生たちの間を縫うようにして移動しながら、草を食べていた。

稲刈り後の田んぼにもシバコを連れていき、畦《あぜ》の草を食べさせ、田んぼの中に糞をさせた。その間私は、田んぼのそばの小川の水音を聞きながら、畦のそばに置いた長椅子に座ってパソコンで仕事をしていた。

ヤギコも田んぼに連れていったことがあった。

当時五〇キロをゆうに超えていたと思われるヤギコを私の車に乗せるのは大変だった。部長のMくんがヤギコを抱えるようにして車の後部に乗せてくれた。シバコと一緒に、三日間ほど連続して放牧し、田んぼの草を食べさせた。

田んぼの道の上を通る人が、田んぼに白い親子の犬がいると言われたそうだ。このころになると、二匹はとてもリラックスして、互いを友好的に意識しながらふるまっていた。夜も、一

一緒に車に乗って田んぼに行くシバコとヤギコ
（❶❹）
稲刈りをする部員の近くで草を食べるシバコ
（❷❸）
除草のため田んぼに放されたヤギコとシバコ。
左端に見えるビニールシートの被いは簡易の小屋
（❺）

緒にビニールシートの小屋の中で過ごしたのだろう。

さすがにシバコが逝ってしまったときには涙が出た。徹夜で看病した部員たちも悲しかったに違いない。一人ぼっちになったヤギコはまた黙々と暮らしはじめた。黙々と、一人で。

少し湿った話になったが、それから一年後、今度はシバヤギが二匹加わった。まだ二匹をヤギコと対面させてはいないけれども、これからどんな事件が起こるのだろう。楽しい事件であってほしい。

雪の中にたたずむ幼かったころのヤギコ

鳥取環境大学全景

奥の森がさまざまな事件と遭遇する大学林。中央左の緑化屋上で毎年カルガモが巣をつくる

■8ページ「事件の主役たち」の答え（左上から右へ順に）

シバ系統のヤギ、イモリ、ホンドタヌキ、スナヤツメ（ヤツメウナギ）、ニホンジカ、アメイロアリの一種、オヒキコウモリ、アカネズミ、アオダイショウ

■90ページ「何の足跡かな？」の答え（左上から右へ順に）

ヤギ、イタチ、イノシシ、イタチ、タヌキ、キツネ、タヌキ（つがい）、ノウサギ

著者紹介

小林朋道（こばやし ともみち）

1958年岡山県生まれ。

岡山大学理学部生物学科卒業。京都大学で理学博士取得。

岡山県で高等学校に勤務後、2001年鳥取環境大学講師、2005年教授。

2015年より公立鳥取環境大学に名称変更。

専門は動物行動学、進化心理学。

著書に『利己的遺伝子から見た人間』（PHP研究所）、『ヒトの脳にはクセがある』『ヒト、動物に会う』（以上、新潮社）、『絵でわかる動物の行動と心理』（講談社）、『なぜヤギは、車好きなのか？』（朝日新聞出版）、『進化教育学入門』（春秋社）、『先生、巨大コウモリが廊下を飛んでいます！』をはじめとする「先生！シリーズ」、番外編『先生、脳のなかで自然が叫んでいます！』（築地書館）など。

これまで、ヒトも含めた哺乳類、鳥類、両生類などの行動を、動物の生存や繁殖にどのように役立つかという視点から調べてきた。

現在は、ヒトと自然の精神的なつながりについての研究や、水辺や森の絶滅危惧動物の保全活動に取り組んでいる。

中国山地の山あいで、幼いころから野生生物たちとふれあいながら育ち、気がつくとそのまま大人になっていた。1日のうち少しでも野生生物との〝交流〟をもたないと体調が悪くなる。

自分では虚弱体質の理論派だと思っているが、学生たちからは体力だのみの現場派だと言われている。

ツイッターアカウント @Tomomichikobaya

先生、巨大コウモリが廊下を飛んでいます！

鳥取環境大学の森の人間動物行動学

2007年3月23日　初版発行
2022年4月10日　12刷発行

著者　小林朋道

発行者　土井二郎
発行所　築地書館株式会社
〒104-0045
東京都中央区築地7-4-4-201
☎03-3542-3731　FAX 03-3541-5799
http://www.tsukiji-shokan.co.jp/
振替00110-5-19057

組版　ジャヌア3
印刷製本　シナノ印刷株式会社
装丁　山本京子

 ISBN978-4-8067-1344-9

大好評　先生！シリーズ

先生、洞窟でコウモリとアナグマが同居しています！

[鳥取環境大学]の森の人間動物行動学

小林朋道［著］ 1600円＋税

雌ヤギばかりのヤギ部で、新入りメイが出産。スズメがツバメの巣を乗っとり、教授は巨大ミミズに追いかけられ、コウモリとアナグマの棲む洞窟を探検………。

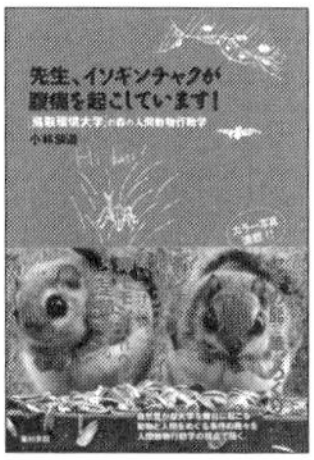

先生、イソギンチャクが腹痛を起こしています！

[鳥取環境大学]の森の人間動物行動学

小林朋道［著］ 1600円＋税

学生がヤギ部のヤギの髭で筆をつくり、メジナはルリスズメダイに追いかけられ、母モモンガはヘビを見て足踏みする。カラー写真満載のシリーズ第10巻。思い出クイズも掲載。

先生、犬にサンショウウオの捜索を頼むのですか！

[鳥取環境大学]の森の人間動物行動学

小林朋道［著］ 1600円＋税

ヤドカリたちが貝殻争奪戦を繰り広げ、飛べなくなったコウモリは涙の飛翔大特訓、ヤギは犬を威嚇して、コバヤシ教授はモモンガの森のゼミ合宿で、まさかの失敗を繰り返す。

先生、オサムシが研究室を掃除しています！

[鳥取環境大学]の森の人間動物行動学

小林朋道［著］ 1600円＋税

コウモリはフクロウの声を聞いて石の下に隠れ、ばかデカイ心臓をもつ“モモンガノミ”はアカネズミを嫌い、芦津のモモンガはテレビデビュー！　そして、教授は今日も全力疾走中！

大好評　先生！シリーズ

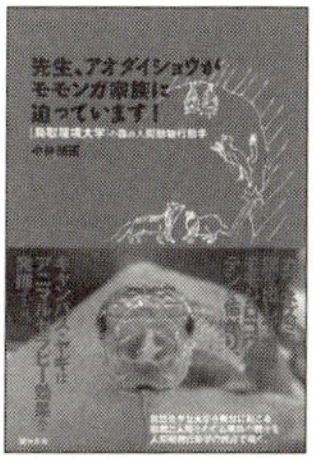

先生、アオダイショウがモモンガ家族に迫っています！

[鳥取環境大学]の森の人間動物行動学

小林朋道［著］ 1600円＋税

カワネズミは腹を出して爆睡し、モモジロコウモリはテンを怖がり、キャンパス・ヤギはアニマルセラピー効果を発揮する。動物事件を人間動物行動学の視点で描く全7章。

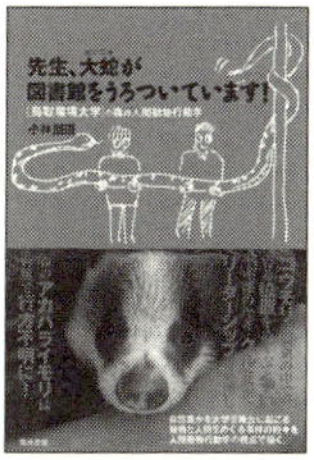

先生、大蛇《だいじゃ》が図書館をうろついています！

[鳥取環境大学]の森の人間動物行動学

小林朋道［著］ 1600円＋税

コウモリは洞窟内で寝る位置をめぐって争い、ヤギ部のクルミがリーダーシップを発揮し、森のアカハライモリは台風で行方不明に！ 「ヘビ好きの二人のゼミ学生の話」など全7章。

先生、頭《ず》突《つ》き中のヤギが尻尾《しっぽ》で笑っています！

[鳥取環境大学]の森の人間動物行動学

小林朋道［著］ 1600円＋税

裸のヤドカリが殻をよこせと腹で威嚇し、ヤマネはフクロウの声を怖がり、手塩にかけた3匹の子モモンガは無事に森に帰る。「子モモンガを育てて彼らが森に旅立つまで」など全7章。

先生、脳のなかで自然が叫んでいます！

番外編！

[鳥取環境大学]の森の人間動物行動学

小林朋道［著］ 1600円＋税

コバヤシ教授の自然へのまなざしはどのようにして培われてきたのだろうか。生涯にわたってすばらしい学び手でありつづけるためのヒトの精神と自然とのつながりを読み解く。